Star

星出版

新觀點
新思維
新眼界

Star 星出版

52種技巧提升你的工作效率和生活力

創意爆發的一年

A YEAR OF CREATIVITY

52 Smart Ideas for Boosting Creativity, Innovation and Inspiration at Work

Kathryn Jacob & Sue Unerman
凱瑟琳・雅各 & 蘇・余納曼——著
李芳齡——譯

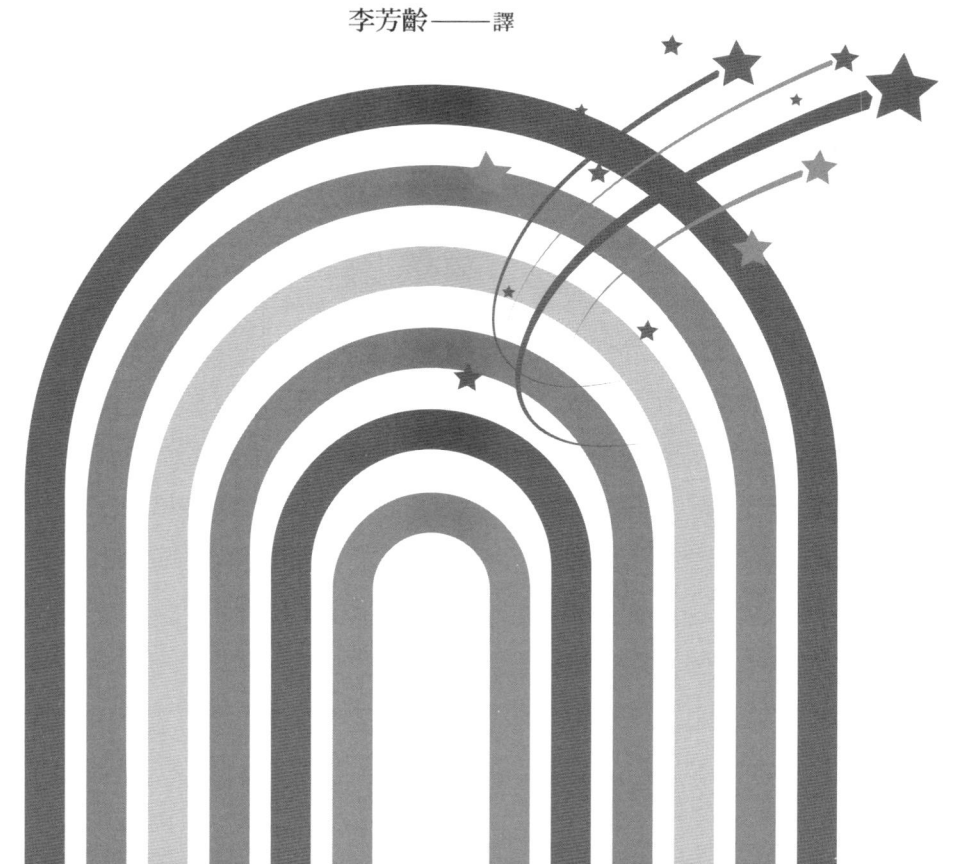

目錄

推薦序 藝術與科學
喬許・葛斯汀（Josh Goldstine）・華納兄弟公司（Warner Bros.）前任全球行銷總裁　6

前言 本書的閱讀紅利　12

第一部　觀念建立

第1章　商業世界為何需要創造力？

航向未知　17

邁向創意領導　19

創造力被視為空洞或精英特有──兩種觀點皆錯　21

創造力不代表立即回報──我們能衡量創造力嗎？　24

邊際效益抑或背越式跳高？　27

腦力激盪的問題　31

精英創意團隊也不是解方　35

無價值的創意　38

創造力激發所有人　42

永遠開啟　45

四季的創造力　49

第2章　為創造力做準備

開始前的檢視工作　53

確保心理安全感　57

讓自己做好準備 61
研究與洞察 65
何謂創造力？廣泛的各種觀點 69
工作場所需要多元性 74
為企業文化建立一根支柱 78
納入創造力的商業語言 81
為提升創造力而招募及訓練人員 84
填注所有人的桶子 87

第二部　一年四季練習發揮創意

第3章　春季——如何徹底改變

麥當勞：把金拱門推向全球和在地化 95
不斷推進，直至突破 99
啟動革命 102
使用新人 104
誇大 107
勇敢 110
給予幼苗成長的時間 113
加倍注入可用資源 115
對潛意識作出提示 118
改變方向 121
建立偶像 125
賦予目的感 128
隨機連結 131

向前跳，變得更像狗狗	134

第4章 夏季——組織如何開花結果

放縱你的直覺	142
用不同語言重新表達	146
更像海盜	148
感到無聊	151
順從你的最糟本能	154
你不做什麼？為什麼？	157
什麼都不做	160
使用一個舊點子	162
違逆你的較佳判斷	164
重建美好	167
別人會怎麼說？	169
來趟旅行	172
更像溫布頓——兩次發球機會	174

第5章 秋季——衰落、興起、革命

為中程的成功而組織	182
快速出名	184
建立社群	187
使團隊快樂	190
寬宏慷慨	192
建立橋梁	195
改善人們的生活	198

展現出色的團隊合作　　　　　　　　　200
缺失了什麼？　　　　　　　　　　　　203
收割　　　　　　　　　　　　　　　　206
認真傾聽　　　　　　　　　　　　　　209
以錯的順序做事　　　　　　　　　　　212
你的最大對手會做什麼？　　　　　　　214

第6章　冬季——轉型

連根拔起與摧毀　　　　　　　　　　　225
不留回頭路　　　　　　　　　　　　　227
走到外面　　　　　　　　　　　　　　230
實現長期成功　　　　　　　　　　　　233
如何使人員想要做更多？　　　　　　　235
計畫在六週內啟動及運行　　　　　　　238
花一百萬　　　　　　　　　　　　　　240
奢侈　　　　　　　　　　　　　　　　243
簡約——回歸重要本質、簡單化　　　　246
快速勝利　　　　　　　　　　　　　　248
持續推進點子，直到令你驚豔　　　　　251
給過往一票（但不是反對票）　　　　　253
冬眠　　　　　　　　　　　　　　　　256

四季指南　　　　　　　　　　　　260
後記與謝辭　　　　　　　　　　　263

推薦序
藝術與科學

喬許・葛斯汀（Josh Goldstine）
華納兄弟公司（Warner Bros.）前任全球行銷總裁

在我們生活的這個世界，我們必須平衡我們可以使用的兩種重要工具：分析力和創造力。

從進階機器學習到生成式 AI（generative AI）的最近突破，科技無疑持續不斷地改變我們的世界，從我們如何解決問題到如何驅動人類行為，近乎無一層面不受到影響。這些演進提供的洞察及可能性真的意義深遠，雖然有時可能令人感到害怕，但也確實令人興奮。儘管有種種前景，科技無法扼殺人類創造力的固有價值，創造力使我們探索未知領域，夢想超越已實現的境界。我們必須總是設法創造空間給意外及發現，發現是如此重要且強大的人類體驗——有點像墜入愛河。

在我長期任職的娛樂業，有一個有趣的兩種文化相互碰撞——矽谷文化和好萊塢文化的相互碰撞。網飛公司（Netflix）自認為它根本上是一家科技公司。好萊塢出色地講述故事，已有超過百年歷史。這兩者能教彼此

的東西遠遠超過任何一方的認知。

電腦演算法能告訴你過去成功的東西,並對未來作出機率預測,這是電腦科學家在回答丹麥哲學家齊克果(Søren Kierkegaard)的觀察:「人生只能在回顧中了解,但生活卻必須向前行。」然而,不論演算法有多強大,我們必須了解它們的侷限。由於演算法本質上是在回顧,它們可能導致我們忽視新的、未來的東西;沒有一種預測性演算法能夠準確告訴你,披頭四樂團(The Beatles)將會從英國利物浦崛起,改變一整個世代的生活,或是電影《E.T. 外星人》(E.T.)或《星際大戰》(Star Wars)將會那麼轟動賣座。

此外,辨識出一種型態,跟了解究竟為何會發生這種型態,是非常不同的兩碼事。照著一道食譜烹飪,並不會使你成為一位大廚;了解食材、它們的特性以及外觀,能讓你創造出真正令人驚豔與高興的新穎混合物,所以說,創造力扮演重要角色。

我進入哈佛大學時,想成為科學家,主要是為了滿足我父親對我的一個願景。但我很快就發現,雖然我有分析的頭腦,我想學的是我真正喜愛的東西:電影、說故事、哲學。

我進入電影業後,在行銷這一塊發現自己的興趣與特長。一開始,我做的是製作電影預告片的工作。我發現,可以用太多方式來定位一部電影;也就是說,你可以發揮創意為同一部電影製作很多不同的預告片。把這種創意發想過程和市場研究、統計分析,以及機器學習

結合起來,就能清楚看出哪些故事元素能夠吸引使票房最大化所需要的情緒投入和最廣大的觀眾。其實,結合藝術與科學,就是我早期成功的關鍵要素。

當型態浮現時,我變得非常好奇於哪些故事能夠觸動廣大觀眾,以及最重要的——為什麼。我發現,我對電影行銷工作的構成心得,其實還滿相似於結構人類學之父克勞德・李維—史特勞斯(Claude Lévi-Strauss)闡釋的神話概念:相關的真實生活問題,以及對某種想像中的解方的展望。我們總是被那些超越我們平凡存在的界限和能夠解決日常生活中棘手問題的故事吸引,這正是好萊塢提供的「逃避現實」(escapism)。科技或許能夠揭露型態,但我們需要藝術來探索願望實現的情境,以驅動我們的希望與夢想。

對於純粹的分析方法,我體驗到的另一個問題是,它太聚焦於效率和最可能感興趣的人,以至於潛在風險就是對信徒傳道(多此一舉),未能把潛在受眾最大化。就算是最精進的演算法,也無法取代真正的創意工作和突破性行銷,它們的效用是驅動轉換、創造新的受眾。誠如廣告大師喬治・路易斯(George Lois)說的:「傑出的廣告能使食物嚐起來更美味,能使你的車子開起來更流暢,能夠改變你對某件事物的看法。」

可能透過分析預測的,以及實際上可能達成的,這兩者之間是有落差的。藝術必須教科技的不是如何最有效率地吸引最可能感興趣的人,而是如何有成效地改變最不可能感興趣、但仍可能改變心意的人。資料使你成

為一只溫度計，創造力使你成為一只恆溫器。

於我而言，最能彰顯這個道理的，莫過於 2023 年上映的喜劇歌舞電影《Barbie 芭比》（*Barbie*）行銷活動的成功。若你問觀眾，他們預期一部有關於這個偶像玩具電影是怎樣的劇情，他們大概會說是跟小孩有關，或是類似芭比卡通的電影，或者他們會說他們不贊同芭比被說成是女性身體的物化。《Barbie 芭比》這部電影的觀眾群本來應該是狹窄的，它本來應該會是失敗之作。

但是，這部電影的創作者葛莉塔・潔薇（Greta Gerwig）、諾亞・邦巴克（Noah Baumbach）和瑪格・羅比（Margot Robbie）對它有遠遠更大的雄心。葛莉塔用這個偶像塑膠娃娃的智慧財產來講述有關於作為一個女性的更宏大、更動人的故事，她用一部有深層意義且激勵人心的喜劇電影來宣揚一個理念：身為人類，「我們這樣就夠了」，我們應該擁抱我們的個體性。

行銷活動的目標很清楚：我們應該如何突破人們對於這部電影先入為主的看法？

我們必須為新穎性創造空間，傳達確實不同的訊息。若我們只是做人們預期中的事，我們的行銷宣傳就無法觸及廣大觀眾，獲致我們最終獲得的全球轟動。

為穿透時代思想，我們必須以大膽、出其不意的方式啟動行銷活動。人類是群體物種，有時候，群體只會低聲嘟囔，但若達到引爆點，就可能發生不凡且意料之外的大規模運動。

我們在一個最令人意想不到的地方推出了一支先導

預告片：2022 年上映的電影《阿凡達：水之道》（*Avatar: The Way of Water*），這是一部由男性角色驅動的史詩科幻冒險片，一般人最不會想到在這裡出現傳統的芭比電影預告片。但這不是一部「傳統的」芭比電影，這支先導預告片內容諷刺、大膽、不和諧、出人意料，引起我許多同事的高度爭議，它講述女孩們發現了第一個芭比娃娃現身，然後打破原先手上在玩的嬰兒娃娃和茶具玩具，以此表達女孩不是只能扮演傳統的角色。幾乎世界每一個地區的行銷人員，都奉勸我別這麼做。

這支先導預告片違反了大眾的預期，說出能夠引發共鳴的人性真理，不同於你之前看過的任何東西，不是傳統預期的《Barbie 芭比》電影預告片。沒有一個預測性演算法，會提出這樣一個點子。

我們用粉紅色包裝這部電影，世界各地到處都是誇張的粉紅色，相當特別。我們透過無數的迷因、文化互動，以及從前進保險公司（Progressive Insurance）到谷歌等等第三方的搭售，形成了一種文化認可。

製作電影是極其昂貴的事，一部電影的命運取決於首映的那個週末，若首映的週末沒有出現觀眾，我們就輸了（就跟選舉一樣）。成功可不是只取決於我們多有效率，還得看我們能締造多大的成功。我們訂定了一個大膽的目標，要讓《Barbie 芭比》成為有史以來最成功的女性導向電影，我們也確實打破所有紀錄。

事實上，我天天都抱持著懷疑，但焦慮是追求卓越過程中必然的一部分。若門檻太低，你不會有什麼重大

成就;若門檻是合理水準,那有何趣味可言?生而為人,就是要追求更快、更好。

我非常不贊同分析力與創造力互相對立的概念,我們現在面臨的挑戰是如何以最佳方式結合分析力與創造力。有人說,每一部電影就跟每一片雪花般不同,不過雪花也有型態。我們做大量的分析,但事事都在持續不斷地變化中。世事有規則,規則總有例外,問題在於你如何了解規則的更深層真相?〔德爾斐神諭(Delphic Oracle)永遠正確,只是你必須詮釋其意義。〕

資料無法準確預測一客觀事實,但能夠讓事情不那麼隨機性,這當然很有幫助。重點是:找到藝術與科學之間的平衡。資料與矽谷的洞察結合了好萊塢與玲玲馬戲團(Ringling Bros. and Barnum & Bailey Circus)的情緒投入,才能帶給你競爭優勢。

我熱愛我的工作,事事都在不斷改變,事事都在不斷演進。

凱薩琳和蘇合著的這本書,談的是在你們的組織中納入創意實務以推進至下一個層次的必要性。我們全都必須對這件事抱持開放態度,必須有雄心且勇敢地迎向改變,讓自己從效率與安全推升至卓越與創新。本書充滿實用的方法,幫助在你的工作場所驅動創意才華、突破傳統,把你的工作推升至真正卓越的水準。在你的工作場所注入創造力,將能確保你熱愛你的工作。

前言
本書的閱讀紅利

本書為何值得你一讀,且聽我們道來。

多數企業有善於分析和邏輯的領導團隊,大企業的董事會會議需要這個,就連在小組織,多數高層主管也傾向傳統的左腦或分析技巧——在考試中成功和傳統教學方法裡評量的那些技巧。這沒問題,但缺乏平衡。太多的左腦分析型思維意味的是較不重視右腦思維——能夠促成階躍改變的直覺和創造力。若每一個決策都是基於證據和已確立的方法,那就沒有根據經驗直覺作出判斷的空間,而後者可能得出大進步和新的前進之路。本書將提供你不再只是觀看後照鏡,而是創造重大成長及創新的機會。

我們生活在一個快速變化的時代,人工智慧和ChatGPT 及 Bard 之類大型語言模型(large language models, LLM)正在為工作實務帶來革命性的改變。然而,**人人都使用這些工具,使你的事業能夠脫穎而出的優勢是什麼呢?答案是:發展你自己,以及你們團隊的創造力;只有這樣才能夠創造差異。**

人們有時誤解創造力,本書將解釋所有創意都來

自某處，創意往往來自混合不同出處的不同既有概念，創造出新的東西。每一個創意人都站在別人的肩上，這是創意與創新的運作方式，是值得鼓勵的方式。我們感謝使本書得以寫就的每一個創意人，近乎我們遇到的每一個人都以某種方式對本書作出貢獻。我們尤其受到音樂製作人布萊恩·伊諾（Brian Eno）和多媒體藝術家彼得·施密特（Peter Schmidt）共同創造的「迂迴策略」（Oblique Strategies）創意激發法帶給我們的啟發（參見本書第6章）。

或許，採用本書中介紹的策略的最首要理由是，這將使你變得更快樂。你將釋放你自己的一部分，不再被規則或慣例束縛，而是對可能性敞開心胸。用創造力來工作，將會更有趣，你的團隊也將因此受益。當然啦，你的客戶、顧客、供應商及伴侶也會受益。

發揮和運用創造力比你想的更容易，有很多關於創造力的迷思和老規矩，其中有些只是為了阻擋與排斥他人進入創意思考者的圈子。別失去信心或感到沮喪，本書將為你提供必要的方法與技巧，使你變得跟任何人一樣富有創造力。

如今，再也沒有阻礙創造力的守門人了。十年前，創意面臨許多障礙，少數光鮮亮麗的雜誌編輯或設計師把持創意圈的選擇，但在過去幾年，網際網路和社交媒體上爆炸性地出現各式各樣的內容。如今，全世界最盛行的內容形式是使用者生成的內容，亦即影片、部落格、播客、圖像、歌曲、舞蹈、藝術等等，全都是像你這樣

的人製作的。

你是一個創意人才，你也許不這麼認為，但你的確是。你只需要讓你自己和你的團隊為提升創造力做準備——我們會教你如何做準備，然後教你如何依循本書提供的方法，溫和地走出安適區。大多數成人在長大和踏入職場後，就不再於日常生活中發現新才能，尤其是若他們曾被告知：不，你不是個有創意的人。這是你體驗釋放你的潛能，或是進一步以更有意義的方式發揮你的潛能的機會，你將能看到你的新方法使你和你的同事變得明顯不同於以往，取得優勢。

準備好迎接創造力的提升。本書的兩位作者是經驗豐富的商界女性，是她們所屬產業中的知名人士，出版過有關於職場文化的暢銷書。她們是當責制、資料分析，以及經驗主義的大力支持者。她們也鼓勵創意，走出所屬產業的常規，並且推出過獲獎的活動。創造力真的很重要，許多企業及工作場所不夠重視創造力，發揮創造力將幫助你和你們團隊超越工作上的常態框限，獲得優勢、快樂及創新。本書分享的方法務實、已證實有效且易於採用。

第一部
PART ONE

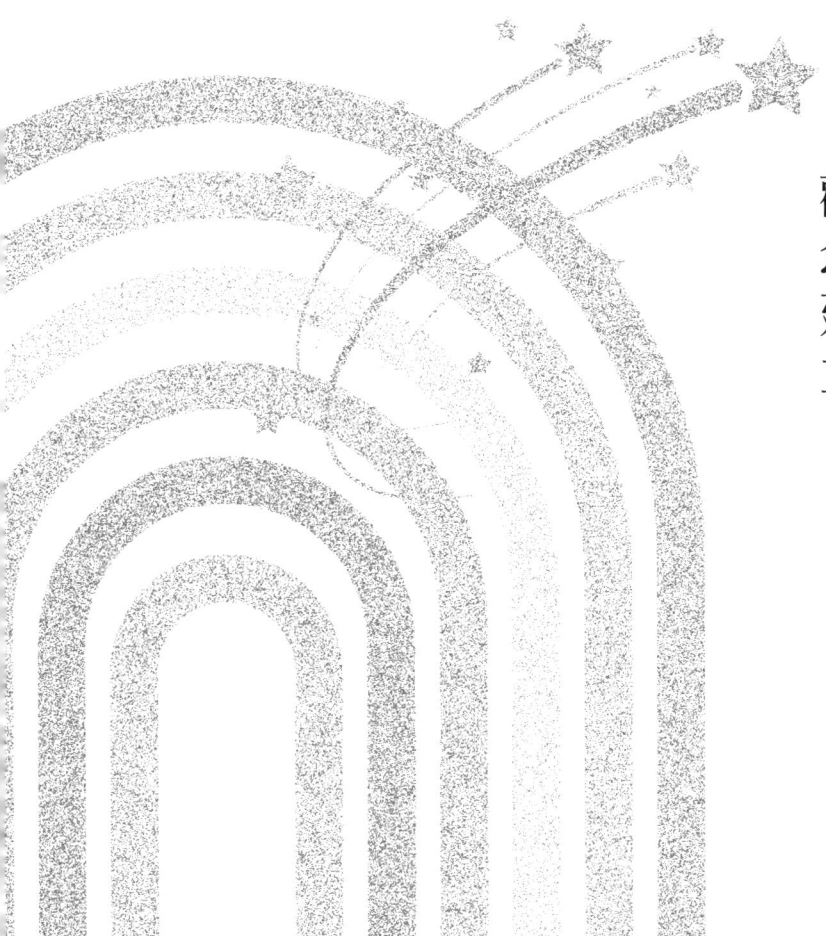

觀念建立

第1章
商業世界為何需要創造力？

商業世界需要創造力，這不是一時的流行，不是一個附加的東西，創造力是企業必不可缺的要素。

巴塞隆納足球俱樂部的球迷或許還記得 2012 年歐洲冠軍聯賽準決賽時巴塞隆納隊對上切爾西隊的那場比賽，或許這麼說不失公允：除了切爾西隊球迷，觀看那場比賽的多數人是為巴塞隆納隊加油的，當時，該球隊踢出了世上一些最漂亮的足球賽。

本書作者蘇也和她的伴侶一起觀看了那場比賽，終了時，蘇的伴侶喊道：「闖入禁區就對了！」蘇問他，這是什麼意思？他說，巴塞隆納球員以善於傳球和持球聞名，球員知道什麼行得通、什麼行不通，他們根據一套使他們非常成功的系統打法。不幸的是，比巴塞隆納隊更了解巴塞隆納隊系統打法的唯一球隊就是切爾西隊。

巴塞隆納隊的粉絲迫切希望該隊改變戰術，抓住一些機會——闖入禁區（球門區域），別擔心傳丟了球。可惜未能如願，最佳團隊並非總是能贏。

巴塞隆納隊最終輸了這場比賽，他們的失敗提供了一個經驗教訓。

在足球場外和所有其他領域，有多少大好機會因為人們依循既有制度或戰術而不願意嘗試新做法或未經試驗的做法——闖入禁區，因而錯過機會？

若你想今年和明年在工作上或其他領域成功，光有效率、策略、分析，還不夠。我們生活在充滿複雜性和不明確性的時代，就連那些本身是重大顛覆破壞者的事業，也害怕新的顛覆破壞。沒有任何下注是確定能贏的，許多領導人的反應是做好防備、嚴陣以待，漸進式的改變似乎更安全，當世界愈不確定，他們就愈撤退回分析原則，任何概念都必須經過詳細證明。

這是大錯特錯。如今已不是完全信賴舊實務就安穩的年代了，也不是根據以往經驗來設想就無誤的年代了。安全是一種假象，沒有任何事是萬無一失的，問問巴塞隆納隊就知道了。

有另一種選擇。

取得競爭優勢的唯一之道，就是確保以創意思考驅動你的事業。有時候，你必須打破分析，闖入禁區。

航向未知

本書的論點是：遵循規則、根據已知的資料來決定合理行動，能使你推進的距離是有限的；人人都必須學習何時及如何勇於奮力一搏，航向未知。你必須了解，光是在五年期計畫或一年一度的全員／團隊外出日（away day）發揮創造力是不夠的。

創造力必須展現於我們一年到頭所做的每季事情上，不論是解決問題、在工作中尋找靈感，或是應付個人或家庭的困難時，都應該運用創意。有時候——應該說大部分時候，即使經過試驗證明的方法是有益且適當的，但這是基於我們已知的東西，當你面對不確定性時，這種方法就明顯較不管用。

　　相反地，從漂亮的比賽中，我們可以得出結論：有時候，你必須闖入禁區，尋找任何可能致勝的機會。知道你在做的事，但也要清楚你不知道什麼，以及何時嘗試你無法預測結果的東西。

　　如今，出現意料之外的顛覆破壞，已是無可避免的生活現實。舉例而言，購買產品與服務的方式已經改變，而且仍在改變之中；到了 2025 年時，已有 30 億人在線上購物，這個市場已經變得更擁擠、更競爭。人們花在媒體頻道上的時間比以往多，但一天就只有 24 小時，他們的注意力變得遠比 20 年前更低、更多變。

　　許多產業的規則也在發生革命性變化。英國女歌手凱特‧布希（Kate Bush）的歌曲〈跑上那山丘〉（"Running Up That Hill"）因為網飛公司（Netflix）的科幻恐怖影集《怪奇物語》（*Stranger Things*）而再度爆紅。這首歌曲在 1985 年發行時，是電台播放和樂評驅動了它的銷量；如今，網飛和聲破天（Spotify）為它的再次爆紅助力。多數品牌和市場是脆弱的，谷歌搜尋的統計與研究結論是，81％的品牌可能在明天消失且沒人在意，這種情形存在於每一個產業。

為了應付這個不確定的世界,我們全都必須認真看待創造力。

邁向創意領導

兩類領導對組織而言都是基本必要,第二種形式的領導很重要,但往往被忽視,主要是下列兩個原因。

第一,創意往往被視為精英團隊的職責,防止受到事業嚴謹性的影響,肩負產生某種「魔法」的責任。這個團隊阻絕來自小集團之外的創意建議,同時繼續抱怨他們的創意被試算表分析師們的當責需求給摧毀。(我們將在後文中看到,創造力和當責制其實是完全相容的。)

第二,或許整個組織有創意思考,但因為損失趨避(loss aversion,一種偏差,使我們對損失的感覺比對收益的感覺更敏銳),以及對冒險缺乏胃口,導致創意未能闖過最後關卡。喜愛秩序的左腦思維喜歡關閉右腦的創意,左腦思考者傾向用邏輯和證明點來困住右腦思考者,因為你無法證明新的東西,除非你真正嘗試過了。

在此同時,職場上的多數人不認為自己是個有創意的人,或許在現今的經濟環境下,這是可以理解的。奧多比(Adobe)的研究調查顯示一個全球性創造力危機:每 10 個人當中有 8 個人認為釋放創造力對經濟成長很重要,近三分之二的受訪者認為創造力對社會很重要,但是每 4 人當中僅有 1 人認為自己沒有辜負自己的創意

潛能。

本書要傳達一個重要訊息：人人都有創造力。

不相信我們嗎？詢問一群幼兒園小孩有關於藝術及創造力，他們大概全都會舉起手；但是到了青少年，多數孩子不會稱自己是個有創意的人，那些自認為有創意的人會擔心同儕對自己的看法。**人人都有創意本能，但跟任何肌肉一樣，若不使用就會萎縮。**

多數人不會被要求在工作上盡情發揮創造力。在你的職涯之初，你通常被要求去執行明確的指示，若沒有遵照指示，上司或同事會皺眉不滿，甚至可能導致你的升遷之路被記上汙點。若你因為遵照指示做事而獲得獎勵，你就會繼續這種行為。

我們也無法只靠資料成熟的新紀元來為我們提供一切解答。人工智慧的確能使更多的決策自動化，且更快速、更大規模這麼做。以國外旅行為例，1950 年代，去國外旅行前，你得先去銀行把錢換成旅行支票。1990 年代，你可以在海外使用信用卡，但你若沒有事先通知銀行要去國外旅行，那麼你在國外刷卡時，信用卡會遭到凍結。現在，拜金融科技創新和人工智慧之賜，你的銀行卡將在世界任何地方在多數境況下無縫通行。

但是，伴隨更好的 AI 在更多工作場所提供助力，一個悖論出現了。自動化悖論（Paradox of Automation）指出，自動化可能有益，機器人可以取代人類，更快速、不感疲倦地執行單調乏味的工作，但是當出了錯，我們將比以往更加仰賴人類的判斷力及創造力來辨識錯誤、

進行修正,改善未來的系統。

有效率的自動化使人類變得更重要,而非變得更不重要。自動化也夷平成熟市場的戰場,意味著競爭優勢落在那些以創造力來擴大差異化的組織。

那麼,你該如何運用創造力來為你們組織及你自身的職涯驅動價值與成長,而非只是為了創意而創意呢?本書將使你的創意肌肉活動起來、規律鍛鍊,終年保持強健有用。

創造力被視為空洞或精英特有──兩種觀點皆錯

「創意/創造力聽起來很空洞」,這種觀點似乎普遍存在。這種思維持有的論點很多,其中一個論點是,許多人習慣從事的大致上為例行公事或有固定流程的職務,被視為裝飾性質或不會產生實質成果的活動經常不受重視。已經有很多畫作或書籍了,誰會需要再來一幅新畫作或一本新書呢?(嘿,本書兩位作者強烈認同新書的必要性,你大概不會對此感到驚訝吧。)那些想要實用、流程導向產出的人會問:「我們能用那些東西做什麼?」當然,創意創作也是有流程的,你可以閱讀一些藝術家的創作過程,他們運用團隊來創作他們受託創作的藝術品,你會發現有不少藝術作品雖然掛名的創作人是知名藝術家,但實際上作品的大部分創作是由年輕弟子完成的,他們使用師父的風格與手法創作出一個版

本。人像畫全盛時期，有很多專精於畫布、背景及寵物的畫家助理。整個繪畫顯然是一種流程，而非突然心血來潮一次就揮灑於畫布上。

如同本書後文中將討論的，創造力中有一些無法衡量的元素，這是使得人們認為創意／創造力空洞的原因之一。現在，由於電腦運算使得大量資料得以被吸收理解，我們的工作方式變得更聚焦於資料，然而創造力跟資料導向的工作方式外貌似乎不是很搭。在一個新創意被付諸行動前，要如何衡量這個新創意的影響呢？創意可能令人感覺稍縱即逝，也似乎如此，它們的抽象可能滋生出空洞的感覺。

精英主義也可能對創造力構成打壓。舉例而言，當一小群人能夠畫出人們想看的畫作或創作出人們想聽的音樂時，這種創意天賦可能令多數人覺得是極少數人特有的。另一個因素是，在過去多數人不會從事創作當作職業，他們需要賺取固定薪資來養活自己。梵谷在世時，畫作只賣出了幾幅，他在貧困中離世。對多數人而言，現實是：就算是有創作能力的人，創作也不是維生的選項。因此，創造力被視為一種罕見的素質，如同神話般的素質或存在。另一方面，創意創作也被視為只有那些不是過尋常生活、有特定期望的人才可能做的事；一般的觀念是，創作生活不是尋常人的生活。但這並不是如今的現實，現在所有人都有工具展現創意，只要使用手機就行了。事實上，現在最盛行的內容形式是如同你我這樣的人創作的，不是專業人士創作的。當然，仍有不

少專才比我們多數人更擅長製作貓咪的影片，他們做的影片獲得最多人按「讚」。

大多數人待的職場，一般感覺是作出漸進式改變會比較安全，並且傾向在自身冒險之前，等待競爭者先作出改變——然後又希望自己也作出改變，並且迎頭趕上。在這種工作情境中，創意經常不被視為具有高度價值。但是，在德勤數位顧問公司（Deloitte Digital）行銷長馬克・辛格（Mark Singer）和研究部經理羅利・麥考倫（Rory McCallum）所做的一項研究調查中，展現高成長的受訪者（「高成長」的定義是年營收成長在10%以上）比負成長的同儕更可能有內建的創造力，視創意為驅動長期成長的必要條件，更可能鼓勵跨部門合作，也有較高的意願擁抱風險。

澳洲的舞台架設服務公司Stagekings的故事，便是發揮創造力的一個典範。2020年3月，面對新冠肺炎疫情，澳洲總理宣佈禁止超過500人的集會。對Stagekings而言，這意味的是一夜之間失去主要業務——在澳洲為最大型的活動架設舞台。看到疫情導致更多人在家工作，Stagekings作出轉軸，開始製造平整包裝的自行組裝傢俱，以滿足居家辦公的需要，回應幾個月前尚不存在的市場需求。這個名為「IsoKing」的新事業成長飛快到使得該公司需要招募更多員工，頭一年營運就創造了360萬澳幣的營收，比原公司的年營收還高。僱用更多員工，創造更多營收，就是發揮這個創意思維的價值。

不僅如此，創意方法能使一家公司圍繞著一個共同

願景團結起來。若你知道你們正在打造一款全新且高度創新的車子,將能夠改變駕乘體驗,這遠比只是對儀表板作出無足輕重的改變和提供一種新的座椅顏色選擇更動人。後者雖然看起來也像是改變,但不會使你一早醒來因為興奮的展望而跳下床,消費者也不會要求立刻帶他們去看展示車。

我們必須把創造力視為邁向事業發展轉捩點的一條途徑,轉變可能是改變我們的工作方式,或是發現新市場。 創意不是精英特有,也並不空洞。

創造力不代表立即回報——我們能衡量創造力嗎?

我們生活在事事可衡量的世界——走了多少步?走了多遠?甚至,我們昨晚的睡眠是什麼類型?你可以衡量任何事和每件事,但這意味的是,我們想從創造力獲得的回報和創造力的無形本質這兩者之間相互衝突。若我能告訴你,我上週在電腦上花了多少時間,為何我無法估計三場腦力激盪會議的回報?有沒有什麼報酬衡量方式,可讓我用來評量我們的創意和創意的創造?還有,所有這些腦力激盪會議何時能產生回報?

關於這點,我們恐怕得給你壞消息。不同於你的睡眠監測器,你無法衡量你能創造或你決定實行的創意。你必須清楚你的起始點和可能到達的終點。若你們公司或事業單位之前從未做過任何種類的創意活動,你們如

何跟另一家天天都有創意產出的公司相較呢？你們跟他們不在同一個境界，你必須清楚這點，並決定你的期望。

有不少心理測驗說能夠判斷你是不是一個有創意的人，這類心理測驗藉由詢問一個不尋常的問題——例如，想想看，一個牛奶紙盒除了裝牛奶，還有多少種其他用途，以此來探索你的思維有多原創、靈活、仔細。這類測驗或許可以探索你個人的創意能力，但無法評斷你的創意得出的產品。想出一個新的組裝概念，這不同於運用此新概念時需要對你的電動車設計作出的改變；兩者都是創意，儘管有不同的衡量方法來衡量它們是否產生回報。在新車設計方面，這個創作過程及產品可能得花上幾年才會在市場上推出，不會有立即的回報。此外，回報的衡量方法也不同，必須在其運營的更廣大市場背景下來衡量。純粹為了創意而創意可能沒有立即價值，但是沒有任何期望作為創意的框架，同樣是愚蠢之舉。創造力是一種武器，但武器不會自行施展魔法。

一個有幫助的做法是，規劃你對於創造力的期望，以及它如何跟你的事業的所有其他層面關連。在決定提升創造力時，你們公司必須思考人員、產品及流程這三個支柱：若期望獲得創意回報，卻沒有把這三個支柱校準於你們的期望，那麼你們的衡量流程將會更難。不過，使創造力變得更普及，可能在你的團隊成員方面有意料之外的回報，因為朝向更前瞻思維和靈活運作的所有行動可能對你的同仁產生影響。詢問曾在奉行「若沒壞，就別修」或「改善，要不就跟上市場變化」原則的組織

中工作過的人,他們會告訴你,那種思維有多麼摧殘心靈、多麼令人提不起勁。小行動雖然未必稱得上是一種報酬,但是對於人員、產品及流程而言可能是一個全新的方向。

一種衡量創造力的報酬方法,是看看創造力這項工具能否幫助實現你的目標,不過這種衡量方法大有問題。若你試圖衡量創造力能否在六個月內使你們公司的股價上漲到一個水準,試問,這有可能嗎?影響股價的因素很多,就算你們公司有最具成效的創意,也無法應付你們的產業遭遇的政治挑戰,例如:對你們公司的產品範疇的限制。你們當然可以運用創意來改變產品,但是要在六個月內做到完善,也許對你們的團隊和流程而言是太苛刻的要求。

檢視你的事業計畫,務實且合理地(這兩個詞彙通常跟創作過程扯不上關連)考慮提高你的創造力能夠帶來什麼益處。畫出一條時間軸,但別過度樂觀,做這些檢視與規劃時,務實對你有益。創造力將在六個月內帶來些許進步,但在長期建立動能?也許。蘋果公司在1984年推出的「1984」廣告是著眼於因為喬治・歐威爾(George Orwell)的小說而出名的這個象徵性年分,這支廣告立即轟動,多年來被視為蘋果公司史上決定性時刻之一,定下基調,創造對該公司的感覺與價值觀,影響深遠至今。有多少我們在四十年前見過的東西,至今仍是價值觀及市場定義的一部分,人們至今仍然記得與談論?那個創意在當時引起共鳴嗎?是的,無庸置疑。

那個創意至今仍然引起共鳴嗎?是的。

在另一個領域,可可・香奈兒(Coco Chanel)為女性推出簡便易穿、不拘禮節、舒適的服裝(而且一炮而紅),她改變了女性對自我的看待——時至今日,當女性詢問如何使自己有好感覺時,總有人建議可以穿著使妳感覺舒適自在、行動方便的服裝。從香奈兒在1920年代推出的運動休閒服裝設計概念至今仍令人覺得非常熟悉,可以被借用和演繹。創意可以有許多迭代,其中的一些迭代跟原始創意的意圖差別甚大。

當我們想提升創造力時,我們必須釐清起始點,作為衡量基礎。我們是起始於無創意區,抑或尋求建立創造力?起始點的差異,將改變我們的衡量層次,以及創造力能夠幫助我們達成的目標。創造力的助益或許是無形的——例如,對團隊的歸屬感,或是個人在看到自己的能力提高時的自信心提升,這些或許不是尋常意義上的一種報酬,但它們是有價值的。

邊際效益抑或背越式跳高?

我們在工作場所觀察到兩類改變,最常見、或許也是最易於調適的改變是邊際效益原理。運動領域有一些知名的邊際效益提倡者。

大衛・布雷斯福特爵士(Sir David Brailsford)是前英國自行車隊成績總監,在他執掌下,英國自行車隊在2003年至2014年間多次獲獎。布雷斯福特以使用資料

來提升表現聞名,他的理念是解析一個運動員的環境與行為的每一個成分,尋求把每一個成分改進1%,包括:當自行車手旅行在外時,為他們提供枕頭,幫助他們的睡眠;清除每個環境中的塵埃;監測每一個隊員的情緒狀態。他說:「整個理念源於一個概念,把你能想到的影響自行車騎行表現的每一項因素都改進1%,全部加總起來,成績就能得出顯著提升。」

他的自行車隊在2004年贏得兩面金牌,這是英國自行車隊近一世紀間的最佳成績。在他的領導下,英國自行車隊繼續進步,贏得多次世界冠軍,在2008年和2012年的奧運賽中的總獎牌數居冠。車隊的知名度也使得英國騎自行車的人口增加,布雷斯福特說這是他最引以為傲的成就之一。

倡導增量效益和研究統計數據以尋找尚待改進之處的,不是只有布雷斯福特。克里夫・伍沃德爵士(Sir Clive Woodward)是英格蘭橄欖球隊1997年至2004年的教練,領導球隊奪得2003年世界盃橄欖球賽冠軍。伍沃德在英格蘭橄欖球隊推動專業精神轉變,包括規定隊員現身早上會議;未入選的球員向入選的球員道賀;球員不說髒話等等。他也尋找「關鍵的非基本要素」(critical non-essentials)──那些能夠獲得邊際效益的機會,例如:委託製造貼合皮膚的球衣,使球員比穿著寬鬆球衣時更難以應付;讓球員在下半場時換球衣,使他們帶著煥然一新的心態回到球場上。伍沃德說:「在世界盃橄欖球賽中獲勝,並不是因為把一件事改進

100％，而是把 100 件事改進 1％。」

麥可・路易士（Michael Lewis）的著作《魔球：逆境中致勝的智慧》（*MoneyBall: The Art of Winning an Unfair Game*）闡揚的理念，也聚焦在資料細節中尋找改進機會。這本書首次出版於 2003 年，記述奧克蘭運動家棒球隊（Oakland Athletics）如何在總經理比利・比恩（Billy Beane）的執掌下獲致巨大成功，主要是靠聚焦於賽伯計量學（sabermetrics，又名「棒球統計學」），對統計數據進行詳細的實證分析，找出在競爭中勝出的方法。但是，此方法的成功以及從統計分析中獲得的邊際效益，也導致此方法的最終失敗，因為當這些方法變得愈出名，競爭者也愈可能跟進採用。

起初，這種方法改變了棒球。事實上，2002 年時，薪酬支出 4,400 萬美元的奧克蘭運動家隊的競爭對手是球員薪酬支出超過 1.25 億美元的更大球隊。然而，當你的分析方法變得成功時，也會變得愈容易被仿效。

作家暨新聞工作者德瑞克・湯普森（Derek Thompson）說，《魔球》一書毀壞了他對棒球的喜好，也破壞了歌曲排行榜——他的著作《引爆瘋潮》（*Hit Makers: The Science of Popularity in an Age of Distraction*）探討了這個領域。在他看來，《魔球》一書破壞了大多數形式的娛樂，可以說很大程度破壞了普遍的文化。

《魔球》一書以及根據該書改編、2011 年上映的同名電影，激發大量其他領域採用精準的統計分析洞察來創造顯著的競爭優勢，可是一旦人人都使用精準資料分

析,就不再有顯著的突破優勢了,它變成了必備條件。

湯普森指出:「以所謂的魔球運動展開的分析法革命,引領出一連串我們或可稱為災難性成功的進攻與防禦調整」,使得棒球賽喪失了不可預測性及原先的魅力。

一旦人人都檢視相同的資料,而且有大型深度學習模型和 AI 可用來更容易地幫助達成這個,那麼人人都能取得相同的邊際效益。

所以,漸進式的進步雖好且必要,但還不夠。

繼續以運動領域為例,有時你需要一個背越式跳高(Fosbury flop)──一個完全革命性的後空翻,打破跳高運動的所有傳統方式。

背越式跳高是跳高運動中的一種跳躍方式,在 1968 年以前,所有跳高運動員採用的是跨越式或剪式跳法。1968 年的墨西哥奧運中,美國選手迪克・佛斯貝利(Dick Fosbury)採用了一種新的跳躍方式:背翻,錯腳,拱起身體過桿,面朝上。此前,佛斯貝利已經練習這種跳法幾年,部分是因為他並不是個有天賦的跳高運動員;事實上,他當年未能進入地方上運動員俱樂部的高中跳高隊。他使用的這種新跳法,使他能夠使用背部的自然拱力,把自己推升得更高。那年奧運他贏得金牌,並且寫下新的世界紀錄 2.24 公尺(或 7 英尺 4.25 英寸)。他的方法粉碎了數十年的跳高正統。

當你被正統觀念或方法圍繞時,這是你應該牢記的一個重要態度。每當你遇到了以「喔,我們向來都這麼做」為理由的實務時,你應該想起佛斯貝利,詢問為什

麼，再問為什麼。**預設情境不會引領出階躍的優勢，挑戰傳統，運用創造力，當所有人都有相同的資料時，你與眾不同地詮釋結果，可能會為你帶來顯著優勢。**

腦力激盪的問題

　　產生創意的最著名方法、最常在《我們的辦公室》（*The Office*）之類的電視節目中被嘲弄的當屬腦力激盪，很多組織使用某種形式的腦力激盪來生成新點子。但是，腦力激盪不是一種萬靈丹；事實上，很可能恰恰相反，所以我們要在這一節探討一下。腦力激盪是一種傳統、常被使用的創意產生方法，一群人集會，使用白板、便利貼、白板筆，集思廣益構思創意。

　　在線上搜尋如何進行腦力激盪，將出現 6,800 萬條回答；亞馬遜網站上有超過 500 本關於腦力激盪技巧的書籍。腦力激盪的「遊戲規則」多不勝數，此時此刻，在你的工作場所附近，可能就有十幾場腦力激盪會議正在進行中。

　　腦力激盪會議是一種團體活動，多則十幾個人開會，鼓勵所有與會者自發性地提出解決問題或作出改變的點子，不必仔細周延思考你的任何點子，脫口而出就行了。腦力激盪會議的主持人負責注意與會者提出的每一個點子，把它們寫出來，以示鼓勵與支持。

　　我們參與過許多腦力激盪會議，我們主持過許多腦力激盪會議，真相是：這並不是一種讓人們有共同解決

問題感的好方法。腦力激盪會議也是相當愉快地渡過幾小時工作時間的一種方式，通常鼓勵熱情和參與，只有一個問題：這真的不是那麼棒的創意產生方式。

原因之一是：腦力激盪的神聖規則之一是「沒有任何一個點子是壞點子」。

這個概念是基於一個理論：創意就像幼小的植物，太大的雨會摧殘它們，別批評它們，用陽光般的贊同來營造出溫暖它們的溫室。這是在 1948 年提出「腦力激盪」一詞的黃禾國際廣告公司（BBDO）主管艾力克斯・奧斯本（Alex Osborn）建立的基本規則之一，至今仍被廣為奉行（還有其他規則，包括強調腦力激盪會議中提出的點子數量的重要性，認為這樣才能促使無束縛地暢想，以他人的點子為基礎進一步思考與衍生。）腦力激盪會議中採用的其他技巧形形色色，但通常奉行這些規則。

然而，鮮少人注意到早在 2000 年時，就有研究顯示，事實可能相反於我們以為的，或者至少腦力激盪的法則之一並不真確。批評其實不會遏制創意，事實上，批評反而會鼓勵創意。加州大學柏克萊分校心理學家查蘭・內米斯（Charlan Nemeth）在舊金山和巴黎進行一項學術性實驗，把個人分成小組，讓他們解決交通堵塞問題。對所有小組制定的規則相同，只有測試組被告知可以自由辯論，甚至批評彼此提出的點子。

多數創意教練和會議主持人大概會預測，容許批評及質疑將遏制點子的提出。但事實上，在這些小心控管

的境況下,情形恰恰相反,容許辯論反而促成顯著更多的點子。這些實驗結果似乎令人詫異,但若了解創造力需要的兩個條件,就不會對這些實驗結果感到意外了。

第一個條件是思維的多樣性(diversity of thinking),第二個條件是真誠(authenticity),可以做自己。

若腦力激盪會議參與者的思維相似,而非多種多樣,或許會議將進行得更容易、更快樂,但產生的不同創意將更少。

若腦力激盪會議參與者的思維不相似,但被要求遵守不得辯論或批評的規則,他們很可能自我審查,以確保會議進行得快樂且恭順。擔心自發性地對他人提出的點子作出負面反應將冒犯他人,因而遵守規則不辯論或批評,這很可能抑制創意。當然,這不是說一定要挑剔與批評,只是別讓與會者停止自己的批判性思考。可以用「別把批評視為針對個人」取代「別對點子潑冷水」這個規則,人人都應該自由、有禮貌且和善地表達自己的真實想法,也應該有勇氣表達自身的信念。

在下次的創意生成會議前,請認真思考:讓與會者感到愉快是必要結果和優先考慮嗎?若是,那就遵守標準規則吧。但若你非常需要創造力和多樣的解決方案選項,那就絕對值得打破「沒有任何一個點子是壞點子」這個規則。

前述學術性實驗研究的作者查蘭・內米斯說,她相信歧見有助於敞開心智:「面對事實的另類設想和不同思維⋯⋯其實就是在尋求及考慮更多的選項。」

在腦力激盪會議中，外向的人往往表現得比內向的人更好，表達異見的人提出的點子往往多於不表達異見的人。若你喜歡活得更隨性，你對生活的享受將多於那些審慎規劃者。種種規則將限制生成的點子種類。

哥倫比亞商學院教授希娜・艾恩嘉（Sheena Iyengar）對創意的產生進行學術性研究，包括十年間訪談超過上千人，她的結論是：團體腦力激盪通常是浪費時間。她指出，腦力激盪術的信條就是吸收任何看法，以別人之言為基礎，這比較適合「晚餐會上的政治談話」，較不適合工作中的解決問題。她說：「你不會從自由無拘的腦力激盪會議中得出最佳創意。」

工作能有熱情是很棒的，人人都有創造力，但是在腦力激盪術規則的框限中，產生能夠取悅上司的原創點子的緊張壓力可能相當大，導致創意發想的可能性比平常更難。在英國廣播公司（BBC）諷刺自家管理階層的喜劇電視影集《W1A》裡，有一段劇情是這樣的：一支公關專業人員團隊打桌球，每次擊中球時，就必須提出一個新的節目點子。影集《我們的辦公室》中，也有滑稽劇情諷刺創意的產生：團隊必須想出一個「緊急」點子，讓上司麥克能夠搶在水泥乾了之前，在濕的水泥上寫下點子。

腦力激盪有其功用，這類會議讓員工有參與感，會議也可能相當有趣。但腦力激盪會議鮮少為你產生新創意。

精英創意團隊也不是解方

另一個必須破除的有關於創造力的傳統是精英創意團隊這個概念。組成精英創意團隊原是出於最佳意圖：形成人才護城河，保護那些具有優秀創造力的人才，免於受到外界干擾。

但是，從一開始，這種觀念和做法就有三個錯誤。第一，「某甲是有創意的人，其他人不是」這樣的觀念是錯的，你將在本書中看到我們一再強調，我們深信人人都能具有創造力，也應該如此看待每一個人。第二個問題是，你其實無法把所謂的創意跟現實世界隔絕開來，若創意無法在組織的文化中存在，它們將永遠不能從「好點子」推進成「確實的改變」。第三，在一個昌盛的文化中，不會有護城河這種東西，因為就如同糟糕的文化具有傳染力，令人人都痛苦，優異的文化也具有有益的感染力，若工作場所受到創造力驅動，那麼所有人都會受益。因此，創意工作不該僅存在於一個被分隔開來的部門或一個分開的樓層，必須是人人的工作，因為誠如後文中所述，它將使每個人的工作更有趣、更有收穫。

1980 年代中期，一家大型廣告公司被另一家公司收購與接管，後者安排了一個盛大的全員外出日，所有人受邀參加，並且花錢請英國喜劇演員法蘭基・霍華（Frankie Howerd）來娛樂大家。共同執行長致詞時說，廣告公司的主要目的是製作出色、獲獎的廣告，所有事情和所有人都

必須為這樣的目標貢獻。但是,負責廣告創意的部門是整間廣告公司的一小部分人,很難看出這支精英團隊以外的其他人知道如何為這個目標作出貢獻。這一天的時間慢慢過去了,大家聽了更多的致詞,一些人失去專注力。若創意是專屬於一支團隊的工作,大多數的其他同仁不屬於這支團隊,試問,這跟他們有啥關係呢?在那個年代,多數創意部門的員工主要是男性,雖然這種情況如今已經有所改變,但是改變還談不上足夠。這種排他性不僅排外,也導致難以產生真正優異的創意──當團隊裡所有人看起來和聽起來都一個樣時,如何持續產生真正富有創意的點子呢?

我們是多樣性和包容性的強烈信仰者,不僅因為這是正確之事,也因為來自不同背景、有不同見解與假設的人,確實比一支同質團隊產生更多的創意。

你必須讓創意思維接受質疑,雖然質疑可能難以應付。誠如策略顧問馬克・埃爾斯(Mark Earls)所言,人類喜愛模仿彼此,這是一種天性。埃爾斯在他的著作《模仿,抄襲,複製》(*Copy, Copy, Copy*)中舉出許多例子,包括解釋模仿是我們這個物種:「最出色的天賦之一,是我們成功的最主要要素之一。」心理學家暨嬰幼兒發育專家安德魯・梅爾佐夫(Andrew Meltzoff)的研究指出,出生僅 42 分鐘後的嬰兒就已經會開始模仿臉部表情了,例如吐舌頭,把嘴巴張得開開的。

所以,模仿幫助我們學習,使我們有安全感,對一個族群有歸屬感。而且,模仿也遠遠更容易,因為若我

們自己作出決定，計算新行動結果的機率，這需要相當的心智處理耗能，遠比模仿更費心費力。正因此，我們有很多時候只是在做自己以前做過的事（複製過去的自己，例如：總是去喜愛的義式餐廳吃相同的義大利麵，這是在默認你的已知，而不願冒險嘗試新東西），或是做別人也在做的事（大家都這麼做，不會錯吧？）。

堅守既有的捷思法或行事法則可能會限制我們。有一支成員全都相似的團隊，或許易於相處談笑，或者感覺在工作上你有一群同黨，但這對創造力而言是一種限制。

每當我們驟下共識時，可能錯失了把點子向前推進的機會。英國作家暨前英國桌球國家隊隊員馬修·賽伊德（Matthew Syed）在其著作《叛逆者團隊》（*Rebel Ideas: The Power of Diverse Thinking*）中指出，若我們周遭全都是思維與我們相似的人，生活就像一個迴聲室；這麼一來，在現今這個混亂時代，你將難以掌握殘酷的現實。

古猶太法院猶太公議會（Sanhedrin）內建了多元思維，若所有成員無異議地一致判定被告有罪，這項判決將被推翻，被告免受罪咎。這項規則的背後假說是：若無人作出對被告有利的發言，那就意味著這個公議會的所有成員已經發展出團體迷思（group thinking）。團體迷思當然不公平且無益，但我們喜愛贊同彼此，這是一種人類本能，這或許是遺留自石器時代生存的必要行為。

每當一個團隊太快達成一致意見時，就可能錯失一條未被思考過的新路徑。每當你在工作場所裡對多個構想進行公開投票，讓所有人都能看到哪些構想獲得最多票

時，推行創新的可能性就會降低，畢竟創新和從眾行為是不相容的。若無人能發現一致意見的解決方案有啥問題，那可能是你們檢視得不夠認真；若你只聽到團隊成員全都贊同你，那代表你鐵定沒有獲得他們的最佳意見。

精心設計以鼓勵和激發異見，這是產生新點子的重要舞台。太聚焦於達成一致意見而錯失的機會，很可能使你在未來付出代價。

太多的一致與贊同，以及缺乏和真實世界的互動，這對創造力沒有幫助。**以往的做事方式，絕對不能構成繼續這種做事方式的理由。**十九世紀的知名畫家（男性）質疑女性是否能成為畫家，事實上，直到二十世紀前，女性不被准許上人體繪畫課，但這無法阻止她們的創意，或阻止她們在繪畫之外的其他領域的創造力。

若你們組織有一種固有的展現創造力的模式，或許該是破除這種固有模式、嘗試改變的時候了。

無價值的創意

就一本探討創造力與創意有多重要的書籍而言，這個標題引人疑問，別急，請聽我們道來。之所以存在對創意的嘲諷或輕蔑觀點，原因之一是有關於創造力的一個論點：它被視為是多數人不具有的一種「不尋常」的能力。無疑地，這有部分是源於長久以來抱持的有關於創作過程性質與源頭的觀念──柏拉圖說蘇格拉底的創造力來自神授的靈感，繆斯賦予他創造力並賜予他工

具，讓他用於創作他的作品。由於多數工作場所裡沒有繆斯作為便利可得的來源材料，我們這些其餘的人哪裡還有指望？看來，我們必須把創意工作留給那些有天賦的天選之人了。

這種觀念也導致創意思維的另一個問題：認為任何創意見解──尤其是那些出人意料之外的創見──都有功效。快速調查一下近年出現的一些可疑點子，就能看出這種認為新東西必然優於現有事物的假定。這是一項關鍵失敗因素，因為對新的、不同的東西的渴望，可能導致我們盲目而未見一個事實：創意往往在我們的日常生活中浮現。如何在「保持於你的車道上」和「躁進採行一個偶現的點子」這兩者之間拿捏平衡，可能是困難的判斷。你想要改變，於是你做無人意料到的事，但是缺乏經驗與洞察的平衡，很容易在創造的過程中迷失。十九世紀最著名的創意人才之一叔本華（Arthur Schopenhauer）指出，藝術家首先必須具備技術性技巧，才能讓自己沉浸於創意創作──這兩點之間必須有一個平衡。叔本華絕對不是以作品易於尋常人理解而聞名，他代表的是持續致力於擁抱新且不同的東西。

這種觀念最令人難過的害處，或許在於它導致新穎與創意之間的混淆不清。這樣的例子非常多，一項產品或一個點子被貼上「新」的這個標籤，「新」的改進被當成主要的差異化特色。其實，「新」未必代表更好，「新」可能只是產品提供更廣泛的顏色選擇，但是產品本身可能並不可靠。新穎未必具有任何價值──人們可

能很難接受這樣的概念，因為他們覺得更廣泛的選擇，代表更多的個人化及選項，意味產品努力變得更迎合我們，使我們的體驗變得更好。對一些消費者來說，一個網站的首頁重新設計並不是那麼重要，不如有一套流暢的訂購系統，幫助你快速達成目的。

無價值的創意源於錯誤地以為任何改變都是好改變，認為做新的東西──任何新的東西──將改變你的現行軌跡。無價值的創意的基石是一個思想的混淆，以此為起點，自然就會產生一堆不好的結果，帶給創造力壞名聲。

我們需要找到語言和行為來質疑無價值的創意，但是在一場「接下來如何？」或「未來方向」的會議中，要妥善闡述禁得起檢視的質疑可能不容易。空洞的思想可能隱藏在行話背後，舉例而言，企業在受訪時喜歡附加「-centric」這個字眼，例如：「我們以顧客為中心（customer-centric）」，意思就是，若你不以顧客為中心，事業就不能維持很久，除非經營的是壟斷事業。流行的行話能夠隱藏很多東西，所以在面對別人提出的點子時，我們必須聚焦於詢問簡單的疑問，例如：「你說的這個是什麼意思呢？」，這樣的疑問不是直接質疑，但需要說話者思考後作出進一步解釋。若對方的回應中含有行話，詢問那行話對於終端消費者或顧客是什麼意思──你可以這麼解釋為何你會這樣問：因為到了某個時間點，將會有團隊成員被要求解釋其對終端消費者或顧客的含義，以及其將如何影響他們和你們組織往來或

購買的體驗。提出疑問，也可以幫助解決會議中經常發生的鏡映（mirroring）情形：我們經常鏡映／仿效我們周遭的人，以使自己融入其中，因為我們不自在於對他人提出質疑。同樣地，在「支持且開放的工作方式」和「被提案人的支配型個性或年資所強迫」這兩者之間，我們也必須取得平衡。

無價值的創意源於企業把創造力聚焦於無足輕重的活動上。與其花兩星期的時間為一場團建活動想點子，鼓勵你在同事面前表演唱歌／即興喜劇（這當然有益處，但需要投入訓練，以免變成痛苦的才藝表演），不如檢視與構思如何改善你的日常工作實務或環境，例如你的工作流程、人員的管理與發展，或是與顧客溝通及互動的方式能否作出什麼創新呢？**在考慮於何處施展創造力時，你應該思考：我們的才能應該聚焦在這方面嗎？**

你的創造力應該要有紀律，這聽起來似乎相反於我們在成長過程中所理解的創造力，但這其實是一個重點。考慮你的點子時，請思考下列這個問題：

我我能不能用五張圖表或一頁 A4 紙，向沒有參加會議的人解釋這個點子？

這看起來似乎有難度，需要三步驟：創意、實行、結果。若你在任何一個時點上不知道答案，你必須再回頭檢視你的流程。**創意的失敗，往往是因為沒有一個起點、過程及終點串連起來。這裡提供一個易記的口號：若我們要做（a），我們將需要（b），以確保我們能夠**

獲得（c）的結果。如果不能產生你想要的結果，創意就沒有價值；你的創新創意不是為了任何其他理由，而是為了產生有價值的改變。

創造力激發所有人

創造力具有強大的激發力量，若你任職的組織的運營方式是員工只遵照指示做事，並不認為可以找到自己的方式去解決問題，那就意味有巨大的潛力未能發揮。有才能的人不會滿足於在這種環境下工作，他們在這樣的組織中待不久。若你能在組織中注入鼓勵發揮創造力的文化，將會獲得莫大的益處。

競立媒體公司（EssenceMediacom）的全球執行長尼克‧勞森（Nick Lawson）堅信透過創造力來釋放潛力的益處，他回憶 2000 年代初期和新創公司聖路加創意廣告公司（St Luke's）合作的情形。有段期間，兩家公司為了一個客戶而共同合作，尼克因此經常造訪位於倫敦的聖路加公司，他回憶：

> 他們原本有一間典型廣告公司的接待室，但是某個週一早上，我到那裡參加一場會議，發現他們的接待室完全變了樣。新的接待室看起來就像一個園藝中心，摺疊沙灘椅取代一般的座椅。我問：這是怎麼回事，為什麼？接待人員說，幾位員工決定在週末時來改造這裡，給同事帶來驚喜。我當下就認知到，若你有一家如此用心的公司，員工覺得自己可以主動做這個，

並且願意花週末時間來做、不怕麻煩，那是很好的文化，也是一家很棒的公司。

尼克認為，身為一個領導人，你能做的最重要之事就是釋放員工的潛力。他在主持一場新的業務推銷會議時，體驗到了這種活力的益處。有一組新的潛在客戶走進競立媒體公司後，立刻發現他們把一個公事包遺忘在剛才搭乘的計程車上了。在業務會議進行的同時，競立媒體公司賓客接待部主管桑雅・拜爾斯（Sonya Biles）主動找到那名計程車司機。會議結束時，那個公事包已經放在接待處了。尼克認為，公司能夠贏得這個新客戶的業務，功勞在桑雅。**每當有人展現主動精神時，就是一種展現創造力的行為。**

因此，創造力並非只是製作藝術品或創作廣告或娛樂節目，而是解決問題，而且是在分析法和純邏輯推理之外，進入對與錯並非黑白之分的世界，運用創意來解決問題。

英國喜劇演員約翰・芬納摩（John Finnemore）創作的一齣喜劇示範了這點。這齣喜劇在 BBC 廣播四台（BBC Radio 4）播出，內容是一堂英國文學課，老師愈來愈沮喪，因為學生提出種種見解。他奚落他們、嘲諷他們，但是他不能說他們錯了，畢竟他們的見解只不過是一種創意的詮釋。下課鈴聲響起，這位老師宣佈，由於數學老師今天請假，因此下堂數學課由他代課。

老師：波利斯特先生今天請假，因此我將為你們上數

學課。我們現在就開始吧。誰能說出球體體積的公式？嗯，里昂尼？

里昂尼：2πr²？

老師：不！不！不是！錯了，答案錯了！我告訴你們正確答案，我知道正確答案，你們應該好好學習！天哪，這太爽了！

數學課有「對」或「錯」的二元選擇，而文學課只有細膩差異，沒有一定的對錯。「對」或「錯」的絕對性令這位老師很開心，這種絕對性當然也令許多教育從業人員感到開心，最著名的 TED 演講之一就指出了這點。

這是已逝的肯·羅賓森爵士（Sir Ken Robinson）所作的非常有趣的一場演講，演講主旨是學校教育扼殺了創造力，據說這場 TED 演講的影片最高峰時每天觀看人次達 17,000。羅賓森爵士在演講中主張，我們必須徹底重新思考學校應該如何培養創造力，發展不同形式的智慧。他說，小孩並不擔心犯錯，但學校和企業卻指責犯錯，若我們不鼓勵犯錯，就是不鼓勵創意，因為若你不做好犯錯的心理準備，你就無法提出任何原創的東西。

還記得前文中提到，我們如何在長大後喪失了對創造力的信心嗎？科學作家安妮·墨菲·保羅（Annie Murphy Paul）也贊同這點。她說，我們經常抑制小孩的創造力，以至於多數人長大後習慣壓抑他們的創作本能。

「詢問一群二年級小孩（6-7 歲）：『你認為你是個有創意的人嗎？』，約有 95% 的孩子回答是。三年後，這

個比例降低至 50％。到了他們高三時，這個比例降低到只有 5％。」

羅賓森爵士和安妮都引用畢卡索的話：「所有小孩都是天生的藝術家，一旦他們開始成長，問題就來了。」

標準教育也教你別分享你的點子（恰恰相反於職場上的協作創造），還告訴你，給錯答案是危險的事，可能會毀了你的人生選擇。我們的這本書不打算處理教育的問題，我們將教你如何汲用我們堅信仍然存在於每一個人身上的創造力泉源。你其實無法驅除人類的創造力，創造力是與生俱來的、固有的東西，你能做的是──如同許多企業所做的，抑制人們在工作中使用創造力。但是，有太多不認為自己有創意的人在工作之外展現創造力，他們在私人生活中解決的每一道棘手問題，他們在不參照食譜之下做出的料理，他們裝飾的每一個蛋糕，他們用愛製作出的每一個特別的禮物，他們對只記得部分歌詞的一首歌曲即興作詞演唱，這些全都是創作本能的湧現。當你在工作場所釋放每一個人的這種創作本能時，將巨大地提高潛能發揮的力量。如何做？這本書是你的指南。

永遠開啟

創作不是一次性活動。多年來，我們在各種組織中目睹、參與及領導創意思考研習，我們一直在接受創意思考的訓練，也領導創意思考的訓練。

這些活動通常很有趣,甚至很有益,但它們往往是一次性研習,在一切重返尋常模式後就被忽視了。

若你納悶這些活動有何目的及用處,有此疑問的不僅是你。作為讓所有人渡過一個愉快下午的方式,或是作為一種團結團隊的形式,使大家相信他們對事業的願景或方向作出貢獻(就算這不是真的),這類活動極有助益,但這類活動沒能做到的是確實激發人們的創造力。想要有效激發人們的創造力,你需要創造力文化滲透整個組織,創意思維真正地大眾化,屬於每一個人所有。

這並非指企業或組織裡的每一個員工都是創意天才,或是每一個員工的工作是天天提出一個創意,而是指擁抱及歡迎創造力,每當出現一個需要解決的問題或出現一個機會時,就讓更廣泛的人使用創意技巧。

在現今的環境中,為了確保你們企業持續生存,創新點子攸關至要,這點我們再怎麼強調都不為過。我們生活在 VUCA 時代——多變(Volatile)、不確定(Uncertain)、複雜(Complicated)、不明確(Ambiguous),我們得面對事實:不論喜歡與否,沒有人能夠準確預測接下來將發生什麼。

2015 年至 2016 年左右,有一種趨勢——五年規劃展望,通常被稱為「2020 展望」(雙關語,一方面指五年後的 2020 年,另一方面指 20 / 20 的正常視力),一些被精選出來的「重要思想家」被派去花大量時間做發明未來的工作。我們可以向你保證,這些行動全都是浪費時間或精力,因為沒有一個企業展望能夠預料到全球

新冠肺炎疫情或因此導致的封鎖及後果。

　　近年的證據顯示，與其浪費時間試圖預測無法預測的事，還不如有一個能夠隨著境況而改變的彈性靈活、對抗脆弱的行動計畫。

　　因此，在工作場所打造堅實的創造力文化，才是使組織保持強韌的最佳之道。想要維持現狀或重返以往的模樣，以追求成長及營運的卓越性，無異於向星星許願。唯一不變的事物就是變化，而且變化速度持續加快，變化本身變得愈來愈難預料。

　　有創造力，才有創新；不讓想像力和右腦思維來驅動組織的發展與決策，你們就無法獲得創新的益處。

　　創造力也讓你更聰明地工作，而非工作得更辛勤。當 AI 變得更普及時，職場上的贏家將是那些最能善用 AI 來發展新營收流、有生產力的活動與銷售策略，懂得善用人類才能、同時把重複性質的工作交給邏輯型 AI 的人。把人員從枯燥的工作中釋出，你就有機會改造團隊使用時間的方式。

　　阻礙事業成長的主要障礙之一是，目前的做事方式有太多的肌肉記憶，縱使在有很年輕的員工的組織，在這方面也有很強烈的停滯傾向。人們因為擅長做某些事而獲得晉升，他們往往會錄用也擅長且重視這些事的人，於是整個團隊愈發缺乏多樣性。一個重視精確及分析的經理人，通常不大可能僱用缺乏這些特質的人。於是，一種運作模式就這樣持續且固化，乃至於傷害整個組織。運作模式代代相承，無人質疑為何以這種方式做事。

縱使推出了一種新的運作模式或新實務，也往往無法有效穩健地發展下去。一些人安排新運作模式或新實務的訓練，其他人接受訓練。人人都從日常工作中撥出時間接受訓練，被告知如何採取不同的做事方式，卻一再回復到舊有的做事方式，畢竟習慣是很難打破的。**若你想要看到確實的改變，你必須改變你的日常工作方式。若你使用本書分享的方法，每季、每月或兩週一次作出創意干預，你的事業發展與你們組織將會變得更好。**本書有足夠的方法可供每週嘗試新做法，這將改變任何組織的文化。當然，這未必意味你每年將產生52個有價值的創意，反正你大概也不需要那麼多的創意，但若你經常參與創意思考，你將會改變文化、增進快樂，激發你的團隊。

如同我們將在後文中看到的，創造力可能意味著走出你的尋常安適區，但這不一定要做得很極端。事實上，我們不鼓勵極端的不安，我們不建議像某些人比喻的那樣，在平凡單調的日常工作中注入如同跳傘般的刺激興奮。我們建議你和你們團隊，每週稍微步出你們的安適區；這麼做，安適區的範圍就會逐漸擴大，勇敢的決定將會變得不那麼難以作出。

敞開心胸，別期望每個試驗都能奏效，同時也請記住，普通的衡量方法可能不適用於你嘗試的每一種方法。有太多的創新之所以失敗，是因為未能立即賺錢，或是未能立刻被你周遭更保守的人們擁抱。你必須在這方面有足夠韌性，若你相信一個新點子，別輕易被反對

者擊退。若你在做創新的事,太容易遭到那些習慣趨避風險的人出言反對新點子了。

請別被這種否定動搖,創造力絕對是你能在工作上從事的最積極正面、最前瞻的活動。

這不是一年一次、然後就拋諸腦後的事,創造力應該永遠開啟,應該成為尋常活動的一個核心部分,而非一種特殊事件。你愈常運用創造力,它帶給你、你們團隊與你們組織的益處就愈多。

四季的創造力

當創造力永遠開啟時,你就能總是訴諸它來解決問題與挑戰。一旦你把運用創造力變成習慣,它就總是站在你這邊,總是聽候你的差遣,不論什麼情況——小事情,或是階躍改變。

我們將在本書提供 52 種創意方法的例子,這對任何企業來說都足夠了。當它們被使用得愈多,就變得愈有助益;不確定性形成特殊的成長障礙,你的創意機智也將隨之成長。**把創造力視為一種只是需要多用的附加肌肉,它將會成為你的一種實質資產。**就跟鍛鍊任何肌肉一樣,這起初可能感覺怪怪的,但是持之以恆,你將會有收穫。若你以前用過本書介紹的一些方法,切記,就像你需要鍛鍊臂肌、核心肌群和腿肌,嘗試新方法也將使你獲得更佳的彈性和調適力,請把這些技巧也分享給你的團隊成員,發揮創造力是一種別無替代品的禮物。

我們對一年中的每一週列出一種方法,並且把它們分類成四季,但是我們不期望你真的按照季節來運用。我們使用的四季是基於典型的英國一年季節的氣氛、主旋與節奏(亦即在二十一世紀季節受到氣候變遷的影響之前),並且根據這些傳統季節的特徵來分類整理每一章的方法。

　　因此,我們從春季開始。春季是徹底改變、重生與換新的時期。我們歸類在春季之下的創造力方法及策略是針對大問題,增量、漸進式的改變不足以處理重大問題。

　　春季是一個改變時期:白晝增長,鮮嫩的綠芽冒出,淡化了冬天的陰鬱。但在春季,天氣可能變化多端,以其特有方式帶來挑戰。詩人艾略特(T. S. Eliot)稱 4 月是「最殘酷的月分」;當陽光增亮,暴露出問題,可能令人感到絕望。因此,春季可作為你需要改變方向的時候,春季也意味著培育長出的新芽,讓它們發展,但別過早期望太多。

　　從春季漸入夏季,夏季的創造力方法及策略比較適用於逐步改變,讓陽光幫助創意開花及發光。此時,應該遠離邏輯推理,若你繼續堅持邏輯推理,就是堅持你知道你已經知道的東西。十九世紀思想家齊諾斯・克拉克(Xenos Clark)如此描述邏輯推理:「我們只是對我們挖的洞填入泥土。」夏季的創造力是栽培花朵,施肥使之成長,觀看果實成熟。夏季的創意也意指順從直覺,少做,鬆弛懶散。夏季是玩樂、複製、享受樂趣的時候,

我們將展示組織可以如何開花結果。夏季的創意實務重要，但也充滿樂趣。

秋季的主旋是掉落──在果實掉落後拾起；收獲；再興；根除舊的；收割；新實務，新的做事方式。當你發現你們組織的溫度明顯降低時，當樹葉掉落，歷經考驗的舊實務已不再管用時，就需要這些秋季策略了。這可能意味著採用新實務、改組整個團隊，或是改變計畫的目標，這些過程需要的不只是改變的欲望，太多這類計畫失敗是因為工作場所安於現狀，人們通常拒絕新的做事方式，傾向「我們向來都這麼做」。在推動組織變革時，需要採取一些步驟促使人員採用新的創意工作方式，亦即鋪路，以促使人們接受創造力及革命。若你要移植一顆新的心臟，你需要使用免疫抑制劑，抑制你身體的免疫力可能排斥這顆新的心臟，排斥這個新生的機會。

最後一個主旋自然是冬季，這些方法與策略是有關於完全轉型。有時候，要解決的最棘手問題需要創意方法的完全轉型，包括考慮所屬產業中從未使用過的新資料或技術。此時，需要點燃創造力之火，以融解困難和頑固的永凍層或制度性障礙的硬冰。在一些境況下，需要大刀闊斧才能有所改變，這些解方相當激烈，但能產生成果。

雖然本書採用季節格式，用季節來區分需要的創造力類型，但有可能 7 月時發生的一種境況需要你採行冬季解方。若你不確定你的境況需要哪個季節的方法及策略，你現在可以去看一下本書最末提供的簡單四季指

南,我們把最常見的問題及課題分類好了寫在上面。

　　最重要而必須強調的一點是,創造力不是只有一個類型,創意人也不是只有一種類型。常有人說,某人是完全的商業類型人才,或完全的創意類型人才及藝術類型人才,這根本就是迷思。你能夠、也必須兩者兼具,才能在現今的職場上成功。創造力與當責之間,創新與傳承之間,不存在絕對的二擇一選擇,在不同的時候,你需要不同的機智。

　　下一章,我們要來看看廣泛的創意人士對於創造力的定義,了解你和你們團隊該如何做好準備,從發揮創造力中獲取最大效益。

第 2 章
為創造力做準備

如前文所述,許多組織已經習慣於左腦思維、秩序、根據經驗來作決策,把創意視為空洞的東西,或是精英特有,不受真實世界法則的管束。

在採取行動、透過創造力來建立競爭優勢前,你必須先讓你自己和你們團隊做好變革的準備,敞開心胸,建立邁向成功所需要的條件。首先,你需要進行簡單的檢視。

開始前的檢視工作

創意生成流程的起步是關鍵,在開始之前,你必須分析目前的境況、你能夠找誰加入,以及你能夠如何有效管理工作負荷與創意和產出成果。為此,我們需要了解一下在創造新點子時,你能夠共事的人的類型。

精神病學家伊恩・麥吉爾克里斯(Iain McGilchrist)在其著作《主人與其密使》(*The Master and His Emissary: The Divided Brain and the Making of Modern World*)中探討理性左腦(側重證明與事實)的支配力增強,壓抑直覺

右腦（司掌感覺及創造力），導致：「失去好奇心，側重明確詳盡，不相信隱喻⋯⋯以及生活與體驗的理智化。」

適當的團隊人才在左腦和右腦的功能之間巧妙拿捏平衡。在計畫期間，平衡當然可能有所改變，但你確實需要這兩種功能。若你的團隊充滿了左腦型的人，你們可能無法作出獲得創意所需要的大躍進；他們需要萬無一失的論點的傾向，將造成若沒有證明就什麼也不能過關的局面。雖然這將形成所有的概念都相當堅實有力的情形，但也可能陷入一種危險：你們需要非常不同、足以改變賽局的東西，卻只能作出漸進式的小改變。道理聽起來好像很簡單，但是要說服那些左腦支配型的人他們天生不善於生成重大創意，有時相當困難。

至於右腦支配型的同事，他們喜愛大躍進，這意味著他們可能傾向依循創意，但沒有充分考慮到他們的解決方案的所有實務層面。他們是這樣的人：他們會告訴你，過去從來沒有人想到過蝸牛口味的冰淇淋，直到名廚赫斯頓‧布魯門索（Heston Blumenthal）推出而造成轟動；但是他們沒有提起的是，蝸牛口味的冰淇淋只在布魯門索的肥鴨餐廳（The Fat Duck）供應，這間餐廳的客群是專愛品嚐不尋常口味的食客。沒人在附近的特易購超市（Tesco）見過蝸牛口味的冰淇淋，並不是因為我們這間友善的零售商不想供應這種口味的冰淇淋，而是因為它構成不了一門好生意：其一，材料難以大規模取得；其二，沒有夠大的市場，不值得做。你固然想要尋求創意，但是創意得在真實世界中存活。經過六小時會

議熱烈討論產生的一個看起來很棒的點子，很可能在初次觸及現實前就徹底隨風吹。

你可能還需要考慮的另一群人，就是那些自認為是創意或點子專家的人——那些自詡為「大思想家」的人。他們是那些一宣佈召開腦力激盪會議或創意會議時，手上會快速拿起便利貼和筆，興沖沖前往會議室準備大顯身手的人。他們喜歡運用白板，一有機會就在白板上畫圖說明他們的洞察。他們可能會瞧不起其他人的點子或建議，在會議上，可能很難管理他們，因為他們偏好的是自己的議程，而不是集體的議程。這些「大思想家」很善於把一項議程搞成他們自己想做的事情，使得會議室裡的其他人顯得跟產生新點子這件事毫不相干。正在探索新東西、新創意的團隊，往往會想要把這種人納入團隊，因為他們有「富創意」的聲譽。但是，請務必考慮，他們之所以有這樣的聲譽，是因為他們確實提出過奏效的新點子嗎？或者只是因為他們常愛談論自己的點子，說自己多麼富有創意？若你真的把他們納入團隊，務必小心管理他們的意見，防止他們主導會議，以至於傷害其他人的參與或貢獻。

另一個要考慮的層面不是關於創意的生成，但是這個層面對於創意生成流程很重要。**在考慮團隊人才組成時，除了混合左腦型思考者和右腦型思考者（以及謹慎挑選「創意人士」），你也必須考慮意見的混合。**當然，這將取決於你們公司需要在什麼領域提出和執行創意，不過意見的提出方式可能成事、也可能壞事。若你找來

財務部門的人參與創作過程，切莫讓參與者在你們都還未產生一個可行的點子之前，就不斷地問：「這需要花多少錢？」當然，財務部門必須確保我們注意實行創意的成本，以及公司是否負擔得起，但是在創意生成階段，你的目的不是做完整的損益分析。在這個階段，我們必須讓參與者知道，此時只是提出點子，還沒確定一定會把點子付諸實行。**在徵詢各部門同仁時，請務必清楚說明你在尋求什麼**，必要的話，提供一份簡短的書面說明，這樣才能避免參與者被其所屬單位的經理告知他們的角色是什麼，然後只願意提出這些角色分內的意見。事先說明清楚你在尋求什麼，以及你對參與者的期望，一開始就可以避免許多問題。

另一個有幫助的做法是，在熱情者與分析者之間取得平衡。熱情者提供活力與動能，但若不加以約束，可能導致偏離正軌至離譜的地步。用分析者來平衡他們，可以調和天馬行空的熱情（沒錯，我們知道分析者也可能是熱情者，重點在於知道你的團隊裡有什麼類型的人。）

為團隊選角時，避免個性衝突、以往曾涉及許多私人情事或甚至有密切友誼的情形。你必須避免令人覺得團隊中有小團體，這可能導致創作過程中發生排外和為反對而反對的情況。

確保心理安全感

麥肯錫顧問公司在 2022 年做的一項調查發現，85％的高階主管認為，害怕心理阻礙了組織創新。這種情形已然是常態，無怪乎多數組織缺乏創造力及創新。這種情形的改善方法就是讓工作場所有心理安全感。

你可能會覺得，確保人們在工作中有情緒面和心理面的安全感，這是普通且起碼的人性尊嚴，畢竟人身的健康與安全性是一種法律要求條件。但是，人們把種種情緒問題帶到工作場所，並不是那麼容易使人人有歸屬感。

我們和馬克‧愛德華茲（Mark Edwards）合著的《歸屬感》（Belonging）一書，詳細探討了這個問題，內含許多詳盡的建議。**對於你們團隊，請務必記得：每一個人都帶著自己的包袱來到工作場所。**有時候，某人為了包容性所作出的努力可能會導致疏離另一個人，這可能包括在誤判之下開玩笑，例如：某甲可能認為在週一早上開玩笑談論同事在週末做了些什麼是可以接受的袍澤情誼，但其他人可能認為這是侵犯他們的私人生活，不能接受。

此外，有太多人害怕批評，這可能是肇因於他們受到的教養，或是源於學生時代或之前的交友經歷，但也有很多非常自信的人不喜歡任何形式的失敗。不過，不可能每一個創意都是優勝者。學校裡教導的是，失敗會受到懲罰，其實遠遠更為有益的是倡導燈泡發明人愛迪生（Thomas Edison）說過的：「我沒有失敗，我只是發

現了一萬種行不通的方法」，讓孩子們內化這種無畏失敗的精神。

我們在商界遇到過的一些最有自信和外向的人，完全相信自己是沒有創意的人。他們靠著堅持相信和奉行實證事實，以及和相似於他們的人建立人脈，獲致成功。這類主管用他們的辭令來鼓勵創造力，甚至要求創造力，但是只讓所謂的精英團隊做這些事，並不鼓勵其他人做。若你們組織的領導者也是這種人，他們也不會為創意風險負責，寧可錯失創新機會，也不願面對創新但未能成功的後果。

所以，你該如何確保你們組織提供的心理安全感足以歡迎創意，足夠讓創新精神內建於你們工作場所的營運模式中？

首先，你必須了解和你共事的人們的實際感覺與心理。切記，沒有人刻意想要失去伴隨創造力和創新而來的益處，但是每個人都有自己的包袱，大部分人的生活中有太多時間投入於工作上，我們無法偽裝我們在工作時的感覺。

有些人一輩子努力隱藏自己真正的感覺，因為他們的童年經驗是他們的真正感覺並不討人喜歡；他們相信，若他們表現出自己的真正感覺，他們的父母或照顧者將會難過或傷心。作家羅伯特・布萊（Robert Bly）指出，人人都背負著一只很久遠的包袱，包袱裡頭裝滿了童年時期在家裡、學校或社會中學到的不討人喜歡的那些感覺與情緒。他在著作《關於人類陰影的小書》（*A Little*

Book on the Human Shadow）中寫道：「二十歲前，我們花了很多時間決定把自身的哪些部分放進包袱裡，然後我們再用餘生試圖取出。」如果包袱裡塞的東西太多了，可能會裂開。在一些工作者看來，創造力盡情奔放是危險的，彷彿會導致身上的包袱裂開，可能暴露出他們的一部分、他們的脆弱或他們的情緒性。

身為組織的一個創意領導人，你不能期望為團隊裡的每一個人解決這個問題，或是期望團隊裡沒有人會受到這種被困住感的影響。但若你賦權每一個人發揮創造力，將能產生莫大的助益。

不過，你得要有耐心。許多人有相關的問題，你無法使所有人擺脫這些問題，請溫和、仁慈地面對。

有了這樣的了解，你就能對人們的抗拒心態淡然處之，或許還能夠診斷他們的脆弱性。然後，有許多方法可以讓你用來鼓勵團隊裡的創造與發明。

心理學家琳達・哈特林（Linda Hartling）和伊莉莎白・史帕克斯（Elizabeth Sparks）在她們的合著中指出，一個健康的工作文化重視「促進成長的關係、相互同理心，以互助互依和真誠來創造熱情、賦能、明晰、價值感，以及對連結的渴望。」

但是，若組織有太多的層級，將很難創造這種文化。若你們組織有明確由上而下的結構，建議你設立定期的創造力活動，鼓勵所有人參與相關活動時，拋開他們的職銜，在扁平的結構中一起運作。別由高層對各種點子作出評斷，善用一些方法確保點子以匿名方式提出，收

集後集中處理。

有些組織的文化已經變得「太過友善」，以至於無人能夠出聲質疑任何人，這對創造力和創新同樣沒有助益。哈特林和史帕克斯稱此為「假性關係」（pseudo-relational）：「表面的友善優先於建設性的改變。」然而，這種友善並不是真的，因為沒有真誠，但是人人都渴望真誠。組織應該培養出能夠安全提出質疑和犯錯的文化，這需要以身作則——創意領導人承認自己的錯誤、缺點和脆弱；你不是「永遠正確的老爸」。事實上，除非是掌管梵蒂岡的職務，否則組織中無人事事都對、從不犯錯。有些人可能認為他們偏好任職於領導人總是正確的組織，這或許能在一個混亂的世界中給予他們安全感，但是這個世界上沒有事事都對、從不犯錯的人，應該溫和地把他們帶出這種虛假的安全感，這對他們和整個組織都有益。

此外，你必須消除一種錯誤的感覺或觀念：團隊中有一個人成功，就意味著另一個人失敗。太多工作場所在晉升和事業成就方面的處理方式完全僵化，例如：招募了十名初級人員，並在頭一天告訴他們，兩年後只有五個人會留下。在這種情況下，這些人不會安心地勇於實驗，也不會有任何心理安全感。行銷專家蓋伊・川崎（Guy Kawasaki）在著作《魅惑》（*Enchantment: How to Woo, Influence and Persuade*）中解釋，在商界有兩種人與組織：吃餅者和做餅者。吃餅者把職場視為一場零和賽局，亟於盡所能吃掉更多餅，因為這意味著他們贏、其

他人得到的更少。**做餅者有一套完全不同的哲學,他們尋求做出更大的餅。但是,如何做?靠著發揮創意。請讓你們團隊擺脫稀缺心態,進入可能性、創新及創造力的世界。**

讓自己做好準備

　　讓你自己做好準備,這很重要。若你想把創造力帶入整個組織,你自己也必須在身心上做好準備。你必須採取適時擁抱機會的開放心態、接受不確定性,並且接受創新必然涉及的風險。

　　在感到緊張與壓力時,記得你可以在任何時刻使用一種簡單的減壓方法。

　　呼吸,是的,呼吸能夠使你恢復平靜。看看麥克‧喬丹(Michael Jordan)的例子,就知道這個簡單的方法有多管用了。作家暨正念教練馬克‧愛德華茲對此有清楚的描述:

> **麥克‧喬丹是史上最優秀的運動員之一,許多人大概會說他是史上最傑出的籃球球員。所以,他承受著巨大的壓力,每次他上場比賽,都被期望他是贏得比賽的那個傢伙,展現非凡才能。**

　　喬丹的呼吸技巧如下:吸氣,在吸氣過程中默數四下;屏住氣,默數七下;緩緩吐氣,在吐氣過程中默數八下。重複三到五次,你就會鎮靜下來。

你應該從親身經驗中知道，你的心智要叫身體鎮靜下來，其實是不管用的。你必須讓你的身體去告訴心智鎮靜下來，這就是呼吸在做的事。

屏住呼吸是藉此使你的呼吸減緩，我們通常不會這麼做。然後，你聚焦於吐氣。藉著減緩呼吸和聚焦於吐氣，可以觸發你的身體的一種生理反應，這個生理反應在說：現在，可以平靜下來了。

如果這個方法對激烈比賽中的喬丹管用，應該也對你管用——縱使是在最棘手的商業會議中。

（當然，如果你有任何呼吸方面的問題，你可以不必做這個。在過程中，如果你開始感覺不適，只要恢復正常呼吸就可以了。）

沒問題的話，你現在可以嘗試做三次。

首先，正常呼吸：吸氣，吐氣。

現在，吸氣，2-3-4。

屏住氣，2-3-4-5-6-7。

吐氣，2-3-4-5-6-7-8。

像這樣，重複三次。

你應該找個安靜的地方練習看看，這花不了你多少時間，只要幾分鐘就夠了。我們兩個有時會去廁所做這個，以平穩心境。你也許可以在每天早上或晚上撥出幾分鐘做這個看看，在我們的經驗裡，這個方法每次都有助於鎮靜和重振精神。

有意識地決定進入適當心境、使自己專注，這對於創造力的重要性，猶如暖身之於優秀運動員的重要性。

就如同你不該在沒有進行適當暖身之前就開始運動，因為這可能會傷害到你，導致你有好一段時日無法再運動；同理，你也應該為創造力做暖身，否則你可能會犯錯，後果是你可能不敢再做更多創作，或者團隊抗拒，對不依循尋常程序感到不滿。

你可以把這個準備階段視為事前活動，有意識地為創造力做準備。

馬克・愛德華茲在其著作《鮑伊之道》（*The Tao of Bowie*）中提到搖滾音樂家大衛・鮑伊（David Bowie）在 1970 年代閱讀的一本書：心理學家暨哲學家朱利安・傑恩斯（Julian Jaynes）所寫的《二分心智崩潰下的意識起源》（*The Origin of Consciousness in the Breakdown of the Bicameral Mind*）。這本書提出的理論是（至今仍具爭議性）：直到近代前，大腦的兩邊是各自運作的。愛德華茲寫道：「在尋常生活中，左腦處理事情，但在壓力時刻，右腦對左腦說話，指示它如何行為。人們以為右腦發出的這些指示，是來自他們自身之外，它們被視為是神的指示。」

所以，你可以把事前活動想成是回復開放狀態，以獲得神的洞察，繆斯的洞察，你自己潛意識的洞察，或集體的洞察。

我們可不是在建議你進行什麼祭壇獻祭或卜卦，但你需要設法讓你的理性左腦安靜，讓非邏輯思考帶領你展開探索之旅，在你目前的工作方式之外探索其他的可能性。

心理學家卡爾・榮格（Carl Jung）曾提出一個被一些人視為他最具爭議性的理論：除了個人的潛意識（我們心智中內含的、我們通常未覺察的感覺與記憶，但有時會支配我們的行為），也有集體的潛意識。這是所有人類、每一個人都有的原型和記憶，是歷經數千年發展與形成的。一些人認為，這可以解釋為何世界各地非常不同的文化中有相似的神話與故事，例如：關於毀滅性洪水的故事，關於龍的神話，關於英雄旅程。

　　若你相信這個理論，那麼藉著汲用這種集體的潛意識，你可以汲用人類的創造本能和創意。

　　當然，這個概念並無證明；事實上，它還導致了當時最著名的兩位心理學家榮格和佛洛伊德（Sigmund Freud）之間失和。不過，無疑地，進入你能夠汲用潛意識的本能與感覺的心境（不論是個人或集體的），能夠幫助你發展出新點子。

　　關於事前活動和創造力，這三個字是重要指南：慢慢來。

　　愛，急不得；同樣地，創造力也急不得。讓你的心智漫遊，容許不切題的思想。產出或結果的當責不是創造力的危害物，但過度期望或許會危害創造力。

最佳點子可能在創意思考過程中浮現，也可能在創意思考過程後、當你不再去思考解決方案時才浮現，例如：可能在你運動時或淋浴時浮現。事實上，你可能需要隨身攜帶筆記本或手機，以便在點子浮現的任意時刻記錄下來。

一旦你變得嫻熟於運用創造力,創意可能會在任何時刻冒出,點子來自你的創造力練習、你的潛意識,甚或來自碰上繆斯的創意混搭形成新的創新型態。所以,請讓你自己為創造力做好準備:做呼吸練習,給創意思考足夠的時間,開放地讓潛意識的思想浮現。

總結創造力事前活動四步驟:
- 規劃,給予創造力需要的空間。
- 做好準備,捍衛創造力的概念,但不用過度保護最早想出的點子。
- 對修改抱持開放心態,擁抱迭代再迭代。
- 為組織發揮創造力負起責任。

研究與洞察

你可能會想,邏輯與推理概念——研究與洞察,跟自由狂野思考、看起來不受冷硬事實束縛的創造力有何重要關係?

很多人以為,這兩個不和諧的對立概念會形成兩股不同的力量,你選擇其中一個陣營堅定插旗——「創意與暢想」或「洞察與紀律」。這是壁壘分明的兩個陣營,永遠對立,不能在中間取得協調,永不聯合或和睦相處。

我們的看法是,這種相對簡化、天真的觀點與態度,並不了解這兩者之間的緩和能夠幫助雙邊的可能性。這是一種每一方都能蒙益的和平協議,在它們的對立中,可以找到力量創造出更好、更持久的結果,同時形成一

種敘事,意味著你的成功可以再被複製。

先來了解一下研究與洞察的基本出發點。我們要問的問題是什麼?為什麼要問這些問題?是為了了解目前的處境嗎?或是探索現有的／未來的顧客想要什麼?若你知道他們想要什麼,你可以主動形塑你供應的東西以迎合消費者。若是繼續停留在原地,不論這麼做可能有多麼安適,可能會使你招來一些利用你的停滯的未來競爭者。那些原本可以作出改變、卻選擇安適地停滯不前的組織,最常被聽到的懊悔句之一是:「要是……就好了。」我們選擇維持現狀時使用的無數藉口——時機、產能、預算限制、沒有時間投入等等,全都是我們安於維持現狀的證據。

那麼,邏輯推理在何處進場呢?要提出問題,我們也要聽到答案,然後據此行動。在開始發揮創造力之前,需要先想想一開始就提出的問題,很簡單、但太常被忽視了,它們是:

- 我們現在處於何處?
- 我們想要前往哪裡?
- 我們如何前往那裡?
- 我們有做此事需要的人才嗎?
- 我們有能夠使我們到達那裡的制度嗎?
- 我們能夠對作出改變投入多深多久?
- 在改變的過程中,我們願意忍受多少不適?
- 若我們未能作出足夠進展,何時停止行動?

若你們因為未能作出足夠進展而最終停止,自然就

有更多必須探索的疑問，唯有在過程中獲得的洞察，能使你們辨識出還需要探索哪些更多疑問。當然，這樣的後見之明將帶來清晰的視野，雖然痛苦，但有幫助。

在展開研究時，要留意你們建構問題的方式，太模糊或太細將會浪費你們探索的時間。舉例而言，詢問：「你現在感覺如何？」，就是一個太過開放的問題——你問的是我對什麼的感覺？天氣？我的工作？泰勒絲（Taylor Swift）的音樂？我們在一份向一些公司進行的工作福祉問卷調查中看到了這樣的問題，但問題並未架構成詢問受訪者目前對於工作的感覺如何。若我們對這個開放性問題作出寬宏的解讀，那就是它讓每一個受訪者充分解釋他們的整體感覺，好讓他們的僱主能夠支援他們。但較不那麼寬宏的解讀是，一個促進員工福祉的組織向問卷調查受訪者提出這個詢問，目的其實是在推銷自己，暗示它提供的服務可以幫助提升那些目前不是處於最適工作境況的受訪員工的滿意度。你應該善用洞察來提供洞察，而不是用洞察確認偏誤或當作安慰。

從你的研究起步，用它作為創造力的一根支柱。你的研究應該被拿來作為創意創新抱負的一個框架，把你的創新創意活動放在一個穩固的基礎上，非常仔細地了解顧客的追求與期望，以此作為你的指引明燈，據此訂定創新創意活動的期望。此外，在你的創意工作的發展過程中，也值得對它進行一些調查研究。不過，切記，有無數這樣的例子——非常棒的創新因為在焦點團體調查中未獲得好迴響，差點就沒有被繼續推動至最終實

現。這有可能是因為在焦點團體調查中詢問的問題性質不適當，或是調查研究的背景有問題。此外，把創意放在真人目光下聚焦時，很可能會引發緊張——當創意未獲得好迴響時，創意生成者怪罪觀眾有成見／大驚小怪／缺乏了解的能力。雖然這些怪罪原因可能屬實，但也可能是這些創意真的只有在生成空間中才顯得動人。暴露在現實的強光下時，得到的回應可能令人難過。請特別留意這兩者的差異：勇敢大膽的創新創意可能引發衝擊與震驚；緩和的漸進式改變令人輕鬆自在，但是帶給你的前進是不足的。

　　過程中對你的計畫進行再檢視，可以幫助你獲得有益的洞察、釐清一些事情。回頭檢視你的最初步驟，釐清你目前的進展，有助於避免創新活動陷入停滯。在你重新檢視時，思考這些問題：我們目前處於旅程的何處？是否已經到達此時必須到達之處？我們仍在朝向目的地嗎？**最重要的問題是：我們仍然瞄準顧客想要的嗎？**這個問題太常被忽略了，因為我們太靠近流程，視野狹窄到我們的焦點變成我們自己的願景，而非顧客的願景。

　　創新的重要性質應該聚焦於顧客，若你需要關於這點的證明的話，可以問問你的朋友，哪些公司的創新真正改善了他們的體驗，哪些公司的創新沒有做到這點。我們可先警告你，這可能是一個很長的過程⋯⋯

何謂創造力？廣泛的各種觀點

關於創造力，人們有很多的闡釋。如前文所述，我們聚焦於在你的工作場所實現階躍式改變。為撰寫本書而進行研究時，我們詢問了一些企業人士，創造力對他們而言意味什麼？如下文所述，他們對創造力的定義極為廣泛。

廣告公司麥肯全球集團（McCann Worldgroup）的全球策略長哈喬・辛格（Harjot Singh）如此闡釋創造力〔美國影集《廣告狂人》（Mad Men）的男主角唐・德雷柏（Don Draper）是劇中虛構廣告公司的創意總監，而麥肯全球集團是該公司的頭號競爭者〕：

> 在我看來，創造力指的是看到大局，這其實包含了三件事。第一，創造力是一種存在方式（a way of being），創造力不是一種職務，不是關於我們做或製造什麼，只是一種存在方式。第二，創造力是疑問與探索（questioning），別對所有事物都信以為真。第三，創造力是汲用自己的經驗泉源。若你能夠先有所懷疑，那你也能重新想像。所以，創造力是一種肌肉，讓你對你遭遇的境況重新想像新方式及可能性，做能夠幫助達成你的目的的事。

創意沙龍（Creative Salon）創辦人克萊兒・畢爾（Claire Beale）說：

> 創造力對我來說是一種如同魔法、鍊金術般的東西。當有趣的人透過移軸鏡頭，以稍稍不同的方式去檢視

這個世界,想到了其他人想不到的點子,然後用這些點子去做某件事時,就是在展現創造力。我相信,人人都能展現創造力,創造是一種民主化過程。不過,那些最富創意的人跟其他人有些許不同。我喜歡那些從不同角度去看待事物的人,他們使我覺得世界像這樣、不是那樣。他們令人張開雙眼、拓展視野,使你對事物感到興奮。為了展現創造力,我需要一點急迫感——一個已經超時的截止日期;壓力;某個人的要求;一個機不可失的時刻⋯⋯我最引以為傲的事,大多是我在壓力或危急時刻所完成的事。

湯姆・柯提斯(Tom Curtis)是一家媒體公司的執行創意總監,他在 Instagram 上的帳號「Things I have drawn」有 100 萬名粉絲,這個 IG 帳號上展現的是他用電腦技巧,把幾歲大兒子的畫作變成猶如真實世界裡的東西。柯提斯相信:

> 任何人都能夠想出點子,但創造力是需要全身心投入的。每次在看一樣東西時,我會思考:這其中存在創意嗎?存在機會嗎?有創意,就有技藝,作品就是這樣打造出來的。

著名視覺藝術家史黛芬妮・納曼尼(Stephanie Nnamani)說:

> 創造力是各種世界之間的一個世界,是好奇心無止境的旋轉木馬,是我們最誠實的部分。在尋求或發揮創造力的過程中,有太多太多東西向我們展露——我們想要講述的故事、賦予我們活力的敘事、我們想要實

現的東西,以及我們想要如何跟人們分享那些東西。沒有什麼比得上創造力對我們的賦能,以及促進我們對自己的了解。

《旁觀者》(*The Spectator*)雜誌「維基人」(Wiki Man)專欄作家、奧美集團(Ogilvy)董事會副主席暨行為科學實務創始人羅里・薩特蘭(Rory Sutherland)說:

> 創意就是發現你不知道自己何時展開的旅程的目的地,創意就是你可以事後合理化,但不可能事前合理化的點子。我想,另一種看待創意的方式是,它是以意料之外或反直覺的方式來化解矛盾的解決方法。就某種程度上,創意純屬幸運。你讓一個點子停留得愈久,你愈可能變得幸運——可能是意料之外的資訊浮現,或是你的潛意識不知怎的解決了你的意識腦未能解決的一個問題。

雪麗布萊爾女性基金會(Cherie Blair Foundation for Women)董事會主席、H+K 公關公司前任董事總經理譚雅・約瑟夫(Tanya Joseph)說,創造力對她而言是:

> 運用想像力解決問題。創造力是去做你真正需要做、了解要怎麼做,以及成功做到的事情。我花時間聆聽——聆聽節目、書籍和人們。我在大眾運輸工具上聽人們說什麼,吸收流行文化,吸收各種見解。我有很多很多的疑問,有關於我們真正必須詢問的疑問。

創意顧問公司 The Boom! 創辦人、《創意超能力》(*Creative Superpowers*)一書作者史考特・摩里森(Scott Morrison)說:

我堅信人人都有創造力，因此所有人都必須找到探索它的權利、工具、時間、空間及火花。創造力是把大腦中各種不同的點連結起來，用於創造影響。在新冠肺炎疫情封城期間，這種情況就發生在我的身上。我運用了我在創意講習班教人們的那些原則，但這回是運用在我自己的事業上。我用了一個我稱為「除障、解鎖、釋放」（Unblock, Unlock, Unleash）的簡單操作方法。我必須解除障礙的挑戰是，如何在疫情封城期間把我的事業轉型。我要解鎖的是靈感和創意——我是一個優雅竊用（別人可能已經解開了你尚未解開的謎）的大粉絲；我去散步，聚焦於我最富有創意的時刻，讓自己進入心流狀態。我就是這樣把各個點連結起來——尋找數百個火花、洞察和點子，轉化產生 The Boom! 的新方式。但我不是就此停止，最後的要素就是把創意推向真實世界。創意本身沒有價值，行動才是貨幣。落實創意、放手一搏，獲得即時的反饋，不斷嘗試，以形成你自己的快速學習紀律。

英國 eBay 總經理伊芙‧威廉斯（Eve Williams）說：

創造力指的是不同的思維，質疑我們自己的思考模式；重要的是，思考能使顧客感到更有趣的東西。這可能也指討論及質疑我們的表現形式、我們管理流程的方式和使用資料的方式，只要能讓我們產生擺脫以往做事方式的點子，就可能得出好的結果。創造力不會只能來自一個人，也不存在單一個人比其他所有人都更具創造力的情況。你必須傾聽顧客的意見，從外面獲取靈感、檢視世界。你需要了解外面的情況，交談以促進合作，思考你們想要達成什麼，同時對種種

不同的可能做法敞開心胸。創意生成時,有可能令人感到不安,這是很自然的。若我們都不會感到不安,有可能是哪裡不對。也許是你的雄心不夠大,你應該自我挑戰,確保你的雄心夠大,這或許是一個好的起始點。

廣告公司上奇集團(M+C Saatchi Group)全球執行長、英國第四頻道公司前任行銷長暨包容與多元化總監札伊德・艾爾—卡薩布(Zaid Al-Qassab)說:

創造力是徹底激發他人情緒的東西,讓人得以用新方式去思考事情,或者用不同方式看待世界。

天空媒體公司(Sky Media)企劃總監莎拉・瓊斯(Sarah Jones)說:

創造力是在工作中解決問題。若從較個人的角度來說,創造力是自由,能用你的想像力得出新穎、不同、打破常規的東西。

競立媒體公司全球藝術總監山姆・黎爾曼斯(Sam Learmonth)說:

創造力是探索可能性與機會。創造力是把一些既有的東西攪和在一起,創造出另一個東西。我把所有的想法都寫下來,然後就像開採銀礦似的——你挖礦,有時會挖出較多的銀,有時會挖出較多爛泥。

競立媒體公司夥伴關係總監妮莎・譚尼嘉(Neesha Taneja)說:

> 我對創造力的含義有過很深的思考。它最簡單的本質是，能夠使人們感覺到什麼，它與情緒高度相關。

競立媒體紐約分公司的全球策略長阿努許・普拉布胡（Anush Prabhu）說：

> 創造力對我來說是一種想像思考，化為實現，用某種方式改變我們的生活，或者使我們的生活變得更好。

廣告文案撰寫人薇姬・羅斯（Vikki Ross）引用法國畫家馬諦斯（Henri Matisse）的話：「創造力需要勇氣」，她說：

> 展現創造力意味的是勇敢，不是因為我們必須當特立獨行者，做宏大驚人之事，而是因為我們必須以不同的方式思考和做事，為此你必須勇敢放手一搏。展現創造力並不是依循一套公式，而是依循一種感覺，所以它來自內在，先發自我們的內心，然後才來自我們的腦袋。這有點嚇人，需要勇氣。儘管以不同的方式思考和做事令人感到害怕，但是我們仍要這麼做。

這些不同的觀點，在我們看來全都正確。**這是創意思考的一個徵象：觀點分歧。多元性本身有助於增進創造力。**

工作場所需要多元性

工作中，人員多元性有助於提高獲利，促進創新及創造力。

過去十年間，我們看到改善組織人才多元性的行動。很多研究證據顯示，多元性帶來的各種益處增加。在性別方面，標普全球公司（S&P Global）的市場情報團隊在 2019 年初發表的研究報告指出，執行長或財務長為女性的公司，獲利較高，並驅動公司股價的上漲。上任後的 24 個月，女性執行長驅動公司股價上漲 20％，女性財務長驅動公司獲利力提高 6％，股票報酬率提高 8％。這些結果在經濟上和統計上相當顯著。根據麥肯錫顧問公司在 2018 年發表的研究報告，主管團隊中文化及種族多元性較高的公司，獲利表現優於平均表現的可能性高出 33％。在英國，《麥葛瑞格—史密斯評論》（*The McGregor-Smith Review*）估計，透過提高參與和改進以使黑人及少數民族在勞動市場獲得充分代表性，對經濟的潛在利益一年可達 240 億英鎊。

　　大型企業領導高層的性別平衡改變是一種緩慢的進程，《財星》500 大公司中，只有 10％的執行長為女性，只有 8 位執行長是黑人。有很多的訓練、人力資源及文化政策針對這個目的。

　　人員多元性之所以有助於提高獲利，原因之一是：人員多元性是創新與創造力的要素，如上一章所述，太高度的文化共識對於創造力和解決問題構成嚴重障礙。跟任何科學實驗一樣，你必須願意去檢驗一個理論，以發現它行不通及為什麼，也期望試驗成功。

　　多元化的意願很重要，統計顯示，**局外人能辨識局內人可能未看出的有利機會**。非營利性組織新美國經濟

（New American Economy）在 2019 年發佈的一項美國企業業主調查結果指出，22％的企業業主是移民，儘管移民僅佔全美人口的 13％。

局外人對你們組織有巨大價值，他們將對現狀帶來挑戰，而一支高度團結的團隊不易挑戰現狀，因為沒有人想要平白製造事端。但是，構成危險的不是製造事端，而是自滿。

電力改變工廠的故事可茲例示。直到約一百年前，較新的電力技術仍然未能在商界帶來多大進步，1830 年代就已經有發電機了，但是直到 1910 年，多數企業家仍在工廠使用蒸汽動力。那些安裝了電動馬達的創新者對於成本節省及效率感到失望，《金融時報》（*Financial Times*）專欄作家暨播客主持人提姆・哈福特（Tim Harford）指出，原因在於他們大多只是以電動馬達取代蒸汽引擎，把電動馬達用於相同的工廠流程，畢竟這是更新工廠的最簡單方式。

但是，電動馬達具有徹底改革整個工廠流程的潛力，電力能夠在需要動力之處安全、簡單地提供，這是蒸汽動力做不到的，因為蒸汽動力是在一中央地產生的。這意味的是，舊工廠必須圍繞著中央蒸汽動力源來設置，擁擠、陰暗、煙霧濃密。工廠的運轉速度取決於蒸汽，而非工廠工人。電力更安全、更乾淨、更有彈性，但是為了享有這些益處，整座工廠的結構和所有人的工作方式都必須翻新。

多數工廠業主不願意大規模改動一切，捨棄舊的運

作方式，改為新式方法。工廠也不可能進行小測試，漸進式學習來取得那些益處。為了顯著改進，必須重新想像一切，捨棄舊規則，除去一些科層制度。一些舊專長變得無用，新專長出現。

終於，在發電機發明的數十年後，變革到來，使工廠的效率和生產力得以推升至新高。這股變革是一個外部事件引發的：戰爭踩躪後的歐洲出現更多的人口遷徙，便宜勞力和不同種類專長的可得性急劇變化，這些變化以意想不到的方式改變經濟態勢，並帶來技能與點子的重新分配。

為你們組織帶來改變與貢獻的多元性，並非只涉及人們的出身、性別、性取向、年齡、神經多樣性、特定能力或失能，改變也可能來自那些在組織中格格不入的人。關於這點，有很多不同的看待方式。

有一種被普遍使用、名為「四色溝通風格分類」（colors communications profiling）的分類法，把人們分類為紅、黃、綠、藍等四種顏色類型。紅色類型的人執著，意志堅定；黃色類型是人際取向，易動情，外向；綠色類型有同理心，有愛心，細心；藍色類型重分析、邏輯推理，愛細節，喜歡疑問。四種顏色類型各有優缺點，各有合適與不合適的情境，但重點是，混合所有四種溝通風格，對創造力較有益。

若你們團隊裡有太多單一顏色的溝通風格者，你們得出創造性破壞的可能性將降低。你如何判斷團隊是否存在這種單一溝通風格過重的情形呢？若團隊裡所有人

都愛唱卡拉 OK，或大家都愛一起玩五人制足球，或大家都熱中於參加慈善烘焙競賽，那麼你們團隊中可能有太多同一類型的人。

WPP 集團前任英國總裁、樸茨茅斯大學（University of Portsmouth）校長凱倫・布萊克特（Karen Blackett）談到多元性時，常提及管理高層多元性的重要性；她說，這是促使人人有志於攀升至高層的一個重要條件。但是，在她的職涯早期、本書作者蘇初次遇到她時，媒體產業的領導人全都是白人。當蘇問凱倫，這是否構成她的晉升障礙時，她回答：「我抬頭檢視領導層，可以看到一堆不適任者。」眼見那些不適任者能把事業推上所屬產業的巔峰，自然也就鼓勵局外人勇於發展及發光。

局外人——不論他們的不同處是出身方面，或是他們現身參與工作的方式，或是他們的個性方面——都值得被鼓勵、珍惜、重視，並讓他們有歸屬感。

為企業文化建立一根支柱

創造力可以成為一種實質資產，作為企業文化的一根支柱。在重大變革及挑戰時期，創造力能提供一條新的前進途徑。對企業員工來說，創造力能激勵他們的思維，驅動不同事業部門之間更密切的合作。創造力是互競的組織之間的一個差異化因子，它也可以被用來深化和事業夥伴及重要供應商之間的關係。

沒有任何一家公司能獨自存在，大家都是生存在一

個充滿互依性的複雜世界，伴隨著這些互依性而來的是決策與結果中涉及的大量利害關係人。你想要改變你的產品？你現有的供應商能夠以你需要的速度供貨嗎？抑或你必須和另一家能夠滿足你的需求的供應商建立新的合作關係？這一切涉及建立夥伴關係及相關的能力，彼此融洽合作，達成你想要的，而這意味著你們結合起來的創造力，將形成一種新的運作方式。若這是新的夥伴關係，就一定會有所改變，這些改變最好是因應境況產生的創意方法。

有人擔心，在公司現行的運作方式下，唯有標準化和簡化，才能使所有人以需要的效率方式工作。但是，標準化的問題在於它只是標準。我們用嚴密監控的關鍵績效指標（KPIs）來激勵我們的團隊，若管理有效的話，確實有助於維持現狀。但是，在遵循這些嚴格準則的同時，我們消除了因應情況而調整的彈性，這可能使公司變成一個不關心個別性的組織。一家公用事業公司用一套語音辨識系統來應付顧客詢問，這看似有效率，直到你們發現，有問題而來洽詢的顧客有語言障礙或其母語不是你們的語音辨識系統使用的語言，才認知到你們的這套系統對顧客形成了一道障礙。若你們想用遠距回應系統，那麼也應該提供另一種選擇，在電腦系統中也設有回應機制，處理因為只有單一呈報問題的方法而導致的困難。那些選擇採用單一作業方法的人，往往未能事先和直接接觸顧客的團隊有效溝通，等到出了問題、沒有其他替代方法時，才找上這些團隊。創意方法可能會

辨識到標準化方法未能辨識到的複雜情況。

當我們預期消費者和客戶只會有一種反應時，我們就減少了與他們互動、使他們成為我們的粉絲的機會。我們使顧客失望而疏遠，他們轉而告訴朋友（或是在社交媒體上講述），他們發牢騷的聽眾倍增。一個小牢騷變成一個問題，一個問題變成一串爭論，整件事愈演愈烈。我們和英國專門協助口吃人士的慈善機構 Stamma 共事時，很快就從他們的洞察得知，我們應該克制自己想完成口吃者正在說的句子的那種本能衝動，因為這會傷害口吃者的自信心；若我們猜測口吃者想說的話，雙方都會感到沮喪。因此，想像一個電話客服中心有一群人按照一套固定腳本來服務的話，遇上有語言障礙的人，會是什麼模樣？根本行不通。發揮創意思考你們應該如何服務這些人，這對消費者、企業和員工都有幫助。

創造力也使我們的同事覺得，他們在做的事情比他們目前的職務角色更宏大，而且他們的意見受到重視。鼓勵並訓練團隊發揮創造力，為他們提供發展這些能力的工具和訣竅，這些團隊成員將會有所成長及運用新技能。**比起只期望員工天天做相同的事，投資訓練和鼓勵員工不同凡想的公司，更可能提高員工的忠誠度和投入程度。**若你的意見受到重視、你的貢獻獲得鼓勵，你會覺得自己更有價值、更受重視。人們離開組織的原因之一，往往是他們找不到歸屬感，不覺得自己是公司的一分子。

納入創造力的商業語言

傳統上，企業被視為是理智、聚焦於事實、側重邏輯推理的組織，與狂放思維相互矛盾且不和諧，而且這種不和諧似乎是再深植不過了。創造力被視為一種情緒的、自我的、個人的能力，而企業則被視為團隊、治理、有準則、有運作紀律。

在試圖融合這兩種看似對立的東西時，我們能把商業語言變得更包含創造力嗎？

從最常聽到的 KPI（Key Performance Indicator）來試試看好了。創造力如此柔韌易變，當作一項績效指標是不是自找麻煩？若我們檢視尋常的商業用語跟創意解讀的互補性，或許就能夠找到方法。

關鍵（Key）：有了「關鍵」這個成分，還能夠把創造力納入績效指標嗎？起初，當團隊進入更具創造力的工作模式後，我們可以衡量生成的點子數量，亦即初始一段期間，讓解決一事業問題的任何點子都獲得空間，藉此鼓勵自由思考與探索。這是一種期望與行為有所轉變的訊號，畢竟光是承諾變得更具有創造力，並不會真正達成什麼。這可能不同於一項關鍵指標的尋常做法，但是在鼓勵發揮創造力的初期，我們或許需要先有所改變，在語言和定位上稍微寬鬆一些。想像這種立場與態度的改變，將能在你們的團隊中產生多大的引導作用？也許，你可以給大家六週的時間，鼓勵大家提出點子，並且強調：「任何點子都是好點子」（儘管有人議

論這種理念的缺點），但是這麼做的目的只是為了啟動改變。六週的時間應該夠長到足以讓大家感覺到改變，又不至於令高層領導團隊擔心會陷入一團混亂。同時，這段時間能使同仁漸漸調適、自在於改變，知道他們可以安全地進行探索。若在這六週期間，團隊仍然繼續趨避風險，繼續存在不提出點子的文化，那你就得認真檢視與探究到底是什麼因素導致這些參與者不提出意見與點子，以及下回該如何做得更好。

績效（Performance）：我們期望什麼成果？應該在何時達成？為了充分發揮創造力，還需要誰的參與？創造力是一種團隊活動，儘管很多人喜歡一個錯誤的觀念——創意是幸運擁有獨特天賦者的單人秀，只有他／她能讓事情成真。試問，若沒有畫廊、畫商以及欣賞畫作的觀眾，那些最受推崇的畫家能成氣候嗎？我們或許有史上最佳的點子，若無法說服相關部門讓我們測試新東西，等於白搭。再次強調，在談論有關於創造力的績效前，我們必須先檢視整個事業的目前處境。我們是否該以一家公司為認知，來評量創造力的績效，從創造力出發、向前推進，充分擁抱創造力導向的文化，才訂定對創造力的績效期望？我們認為，答案是「沒錯」。或許，我們應該思考這些問題：有多少點子進入跨領域的討論？接下來的步驟是什麼？這個點子不能過關或執行，是因為內部障礙嗎？或是因為某個競爭者已經捷足先得了（這表示我們對這個點子已經拖延了好一陣子）？這些是我們應該詢問的有關於創造力績效的問

題,而不是問:你做了我們需要做的那些事嗎?或者,你可以邀請人們把自己的點子拿來跟某人提出的一個點子相較,作出評比,但是這些評比並不會被列入正式的評量。若要求人們勇於提出點子,就必須讓他們有失敗的空間和自由度,並且支持他們運用從失敗中學到的東西再度嘗試。在商業語言中,「失敗」鮮少受到歡迎,我們喜歡婉轉一點的說法,例如:「這個結果不是最理想的」,或是「那件案子很棘手」。這樣說也許沒錯,但是誠實一點可能也有幫助:誠實地承認失敗,顯示你並不害怕失敗,而且認知到每個人都會犯錯。有時候,也確實是我們犯的錯——對的點子,錯的時間;至於壞點子,不論什麼時間都是錯的。

大多時候,並沒有什麼一體適用的答案。我有我的KPI,你有你的OKR(objective and key results,目標與關鍵結果),何者最佳?視情況而定。在一些情況下,語言可能有很大的幫助,但語言也可能對釐清構成障礙。若只有一個夥伴和我一起經營事業,我們會對彼此使用商業語言嗎?不大可能。我們有架構和目標——新客戶、回頭客策略等等,但我們會有完全成熟的企業手法嗎?或者,你們會天天使用這些手法嗎?複雜性可能有礙創造力,若需要用三頁 A4 紙解釋一個點子,可能是這個點子太複雜而難以實現的一個徵象。雖然在整個事業中執行一個點子的方式,可能真的需要用到那麼長的篇幅來說明,但這不是我們心中所想的模樣,是說「心中」這兩個字也不是一般商業用詞。我們並不是要你在

使用賽富時（Salesforce），或你選擇的其他服務供應商思考如何改善顧客關係管理時變得情緒化，雖然如果這麼做比較適合你的話，我們會由衷為你感到高興。你通常會用「效率」或「自動化」之類的字詞來說明這類改善，但如果你說：「我們將用這項產品，推出有史以來最棒的顧客互動方案，背後的創意是……」，這就是商業語言和優異的客服點子結合起來驅動的一個目標。換言之，商業語言和創意當然是可以並存的。

所以，**不妨在你的商業語言中融入創造力／創意──若這麼做對你合適的話。但切記，要先了解內部文化、期望以及時間軸，這樣才能結合創造力成為你的一種有效用的工具。**

為提升創造力而招募及訓練人員

還記得你即將展開一份新工作時，那種混合了緊張、興奮及可能性的感覺嗎？既害怕又興奮，對吧？那種感覺何時消失？不一定，視情況而定。可能幾星期後，可能幾個月後，但你或許想在你的團隊中保持這種強烈的警覺感，成為你們團隊的一種特徵。

剛加入一個組織時，你總是提問，尋求適應與融入，想了解你可能扮演的角色。此時的你也是一張白紙，眼前有種種的可能性，這是你和工作互動的一個創意時刻，你沒有「尋常」的做事方式，你帶著一種清新而來。但是，組織總是試圖同化新進員工，讓他們採用組織尋

常的做事方式，這可能使得公司及新員工喪失了一個大好機會，若你能創造一個機會去使用這些新觀點，可能猶如獲得額外的新點子顧問服務。

　　視你的職務而定，你也許不會感覺需要這種新鮮或創造力。若你屬於客服部門，你的工作顯然是服務顧客，讓你的客服團隊有自由度去使用主動精神為顧客解決問題，為顧客提供量身打造的、聚焦的解決方案。這或許不是傳統的創造力例子，但這是你如何看待一個情況並採行不同態度與方法的例子。也許只是很簡單的一件事，例如下雨了，客服人員主動為一位沒有雨衣的旅館賓客提供一把雨傘，讓這位賓客能夠乾爽赴約、不被雨淋濕，而這可能是這位顧客將來再度惠顧的原因。這位顧客對外談到你們的顧客關懷，效益遠勝過你們旅館事後寄送格式化的電子郵件詢問：「您覺得我們的服務如何？」

　　招募人員時，你尋求的是主動精神，抑或你使用職務條件評審勾選表？你是否詢問應徵者能為公司作出什麼貢獻的開放式問題？筆試中是否有一小段敘述你們組織面臨的問題或狀況，讓應徵者回答他們將會如何應付？這也可以顯現應徵者對你們公司的觀點，並讓他們有機會避開你一直都會聽到的「是的／好的」正面作答。詢問他們：你曾經在你的職務角色使用什麼新點子？產生了什麼有效的差別（哪怕是小差別）？你是否曾經有機會了解這份工作和我們公司，你的看法如何？在新員入職後的頭幾週，讓一位善於傾聽反饋意見和轉達新點子的員工作為這個新人的工作夥伴，可作為傳達新員工

新鮮觀點的管道。

招募新員時，考慮增添你們組織中目前沒有的才能或觀點；打個比喻，就是為你的水果沙拉增添新的風味。若你能選擇其他食材的風味，你的水果沙拉就不需要只有蘋果。為何要採用千篇一律的人員招募方法呢？一直使用相同的方法，招募相同類型的人才，卻期望獲得不同的結果，期望獲得神奇的干預或轉變，說得好聽點這是不切實際，說得難聽點就是自欺欺人。

想像你找到了最優秀的應徵者，他們即將上工，試問：你如何確保他們看出創造力對你而言很重要？這跟裝飾個人辦公區域沒有關係，也跟安排歡迎餐會和益智競賽晚會沒有關係。當然，如果你喜歡這些活動的話，那就這麼做吧，但請先確認新人當晚沒有別的行程安排，以及並不討厭益智競賽。據說，上工後的前 90 天很重要，請務必在這段期間為堅實的未來建立良好的基礎。心理安全感是絕對必要，讓新人知道他們可以安全地提出任何疑問。鼓勵他們貫徹任何可能有幫助的觀點，例如一種新的產業分析方法，不要假定你們組織目前的分析方法就是最佳方法。在這段期間，鼓勵新人廣泛接觸（若有必要，帶他們拜訪更廣泛的人），幫助他們對整間公司有更充分的了解和更適切的觀點，而不是只能接觸到所屬的部門或團隊。

讓他們參與點子構思、顧客研究、市場分析，以及其他可能激發他們在其他員工面前表達新鮮觀點的流程，並讓他們清楚知道，你們組織歡迎建設性意見。你

應該思考：我們能從這個人的觀點中學到什麼？我們能和這個人分享什麼，使他幫助改善我們一起工作的方式，改善我們的服務，改善我們的產品？這相似於當你的朋友或家人造訪你的居住地，你陪同他們遊覽時，你用新的眼光來看你生活的這個城鎮、你本身常走的路徑，以及你的日常。（我們兩個在此承認，居住於倫敦的我們，對這座城市的某些地方並不是很熟悉。我們認為這沒什麼，有朝一日，等我們有時間，我們會造訪那些地方的。嗯，祈求好運囉！）

引進新人時，應該視為一個新機會，這尤其適用於有大量新進員工時，例如一批新的見習生或畢業生入職時。**新觀點——不同於尋常慣例的觀點，也不是為了其他目的而提出的觀點，有可能帶來動能。**何不讓新員工檢視一些可能需要探索的問題或課題？切記給予他們如同給予局外人檢視公司時的空間和自由度，讓他們能夠不必擔心後果地進行發言，讓他們能夠在安全的空間表達意見。把這件事想成公司自產的顧問服務，而非外聘的管理顧問公司專案，你們可以善加滋育、吸納、運用這些新觀點。

填注所有人的桶子

你不能只在員工入職時才滋育他們的創造力，這是必須持續做的事。若你和你們團隊習慣於遵循計畫或樣板，你們將必須調適於發揮創造力。你無法為何時展現

創造力作出規劃,但可以為它做準備。創造力通常不會依循時程表展現,你無法制定一張表格,填寫與執行。但你可以為它開啟大門,讓你自己和團隊調適於發揮創造力。事實上,這麼做是必要的。若你每天的行程是例行性地讀寫試算表、通勤、和朋友聊天、玩 TikTok,框外點子較不可能降臨到你的身上,就算降臨了,你也較不可能注意到或好好利用。就像你無法在未經暖身、身體健康的情況下,就從沙發馬鈴薯一躍一口氣跑完 5 公里,你也不能期望在未經一些暖身活動下就變得具有出色的創造力。

你和你們團隊必須先歷經一些訓練,但好消息是,這未必需要花很多時間,而且這些訓練很有趣。

自上個世紀以來,世界與生活已經顯著改變,我們如今在二十一世紀看到或聽到的東西大多是演算法驅動的,專門根據我們最近喜歡的東西,推播我們想要看到或聽到的,也藉由受眾人數的增加來提高訂閱或廣告收入。演算法其實不過是電腦程式,使用有關於你把時間及注意力花在何處的資料,並根據你的歷史與跟你相似的人,推算出你可能會喜歡的其他東西。

演算法之所以行得通,係因為很多時候,我們喜愛自己熟悉的東西,或是和現有的喜好一致的東西。事實上,在人類史上絕大部分的時候,絕大多數人都堅持他們熟悉的東西。直到二十世紀前,大多數人待在家鄉方圓五哩內的地區,只有富人和享有特權者或是難民才會旅行海外。當然啦,那些年代沒有搖滾樂,沒有電視或

網際網路或戲院,因此大多數人的興趣和娛樂的種類範圍較窄。一個反映你早已喜愛的東西、反映那些你熟悉事物的媒體環境,就如同數千年間的人類體驗,在此同時,也把你束縛於一個順從的圈子裡。

不過,這當然不是全部的故事。我們人類也天性好奇,找到超越自身常態範圍的文化影響力既重要且很有收穫。十九世紀末俄國短篇小說家、劇作家、內科醫生安東‧契訶夫(Anton Chekhov)在 1889 年寫道:「一個人若是懂循環系統,他就富有;若他也熟習宗教史和人氣歌曲〈我記得一個美好時刻〉("I Remember A Wonderful Moment"),他會變得更富有,而不是因此變得較貧乏。我們完全處於持續脈動中。」

因此,**為創造力做準備時,你的第一項工作就是:打破那些自認為比你更懂你自己的演算法。**

一套演算法是一組指示一堆資料如何行為的數學規則。在社交媒體上,演算法幫助維持秩序,幫助排序搜尋結果和廣告。舉例來說,在社群元宇宙(Meta)／臉書上,有一套演算法指示網頁和內容以特定順序展示,以確保你在平台上停留愈久的時間。TikTok、Spotify 以及 Instagram 也都這麼做。這些平台想要盡可能佔用你的時間,因此盡全力端出反映你目前的喜好的內容。

這不會幫助你在創造力上有所躍升,或是和範式外的東西建立連結。因此,建議你每天至少用五分鐘做意外之事,例如:閱讀你平常不感興趣的內容;買一本你朋友看到你在閱讀時會感到驚訝的書;瀏覽你平常不

會參考的雜誌或網站；靜坐五分鐘；做瑜伽或練氣功；跟你幾乎不認識或已經多年未聯絡的某人交談。若你平常喜歡聽的是饒舌歌曲，試試鄉村歌曲或古典音樂電台；若你喜歡的電視節目是喜劇或《舞動奇蹟》（*Strictly Come Dancing*），試試講述勇敢堅毅故事的紀錄片。花五分鐘學習一種新語言，或寫一首詩，或者試著記起一段引言。

經常讓你自己稍稍步出你的尋常安適區，若可以的話，帶著你的團隊一起這麼做（若你有時間的話，我們建議每週一次，但起碼每月一次。）也許是去參觀一座畫廊或博物館，或是去平常不會去的購物中心，或是去看一部你通常不會選擇的電影。若你熱愛觀看運動賽事，試試觀看芭蕾舞；若你愛去高級餐廳吃晚餐，試試路邊攤。來一趟不尋常的郊遊或遠足，除了有趣，也趁此機會尋找不尋常的事物作為歡笑的源頭。選擇做什麼並不要緊，只要能讓你覺得像是品味了好食物就行。

已逝世界知名設計師薇薇安・魏斯伍德（Vivienne Westwood）2013年在坎城國際創意節（Cannes International Festival of Creativity）上致詞時，呼籲所有人抗拒即時滿足，並且不要有任何歷史觀點地臨在當下。她希望我們停止思考「追求完美」，別總是試圖消除我們生活中的不完美，有時候生活、尤其是創意就是一團混亂。她說我們全都有一個內在的「最佳自我」，應該讓這個「最佳自我」指引和啟發我們，而不是讓什麼權威人物或名人作為我們的指引，也不該遵循範式。

這是很棒的想法。我們全都知道我們的「最佳自我」和「普通自我」之間的差別，前者能夠超越我們的成見，看見更大、最佳的面貌。**訴諸你的「最佳自我」，作為你填注桶子的方法。想想看：最佳的〔填入你的姓名〕會如何做？**這是讓你為展現創造力做好準備的心靈食物。

　　記得也要檢視你的圈子。英國電視節目主持人暨作家瓊恩・薩彭（June Sarpong）說，每個人都必須確保自己的朋友圈不是只有看起來相似、相同世代、見解相同、大多彼此認同的人。你應該確保你的靈感圈也如同薩彭所言，尋找令你驚奇的地方、人及影響力。

　　在工作場所，實現這點的方法之一，就是鼓勵反向指導（reverse mentoring）：找不同年齡、出身或性別的人，或是那些在生活的任何部分通常都不會在一起的人，設定一些關於他們應該如何互動的規則，看看這樣的做法將會產生什麼效應。若以開放、了解與賞識差異性的方式和心態這麼做，應該會使彼此有所斬獲，而且鼓勵創新。

　　若你和你們團隊花些時間去填注靈感的桶子，這無疑將會是花得很值得的時間，為創造力做好準備。在這個有無以計數的東西是演算法、機器學習及自動化驅動的世界，我們全都需要稍稍脫離範式，本書後續各章將會教你這麼做的許多方法。

　　接下來，就向你展示 52 種在工作上展現創造力的技巧。

第二部

PART TWO

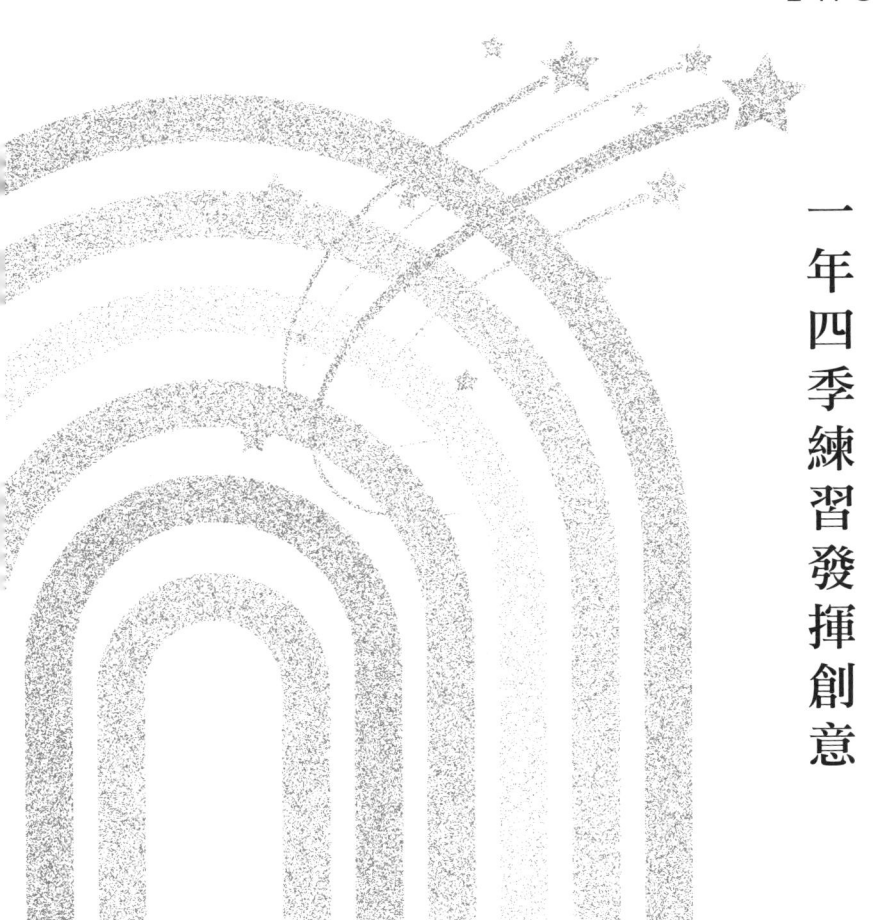

一年四季練習發揮創意

94

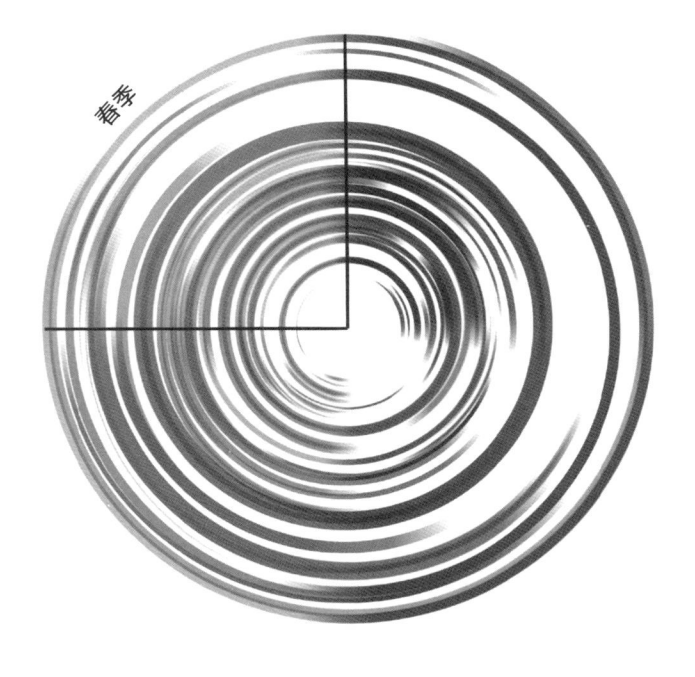

創意爆發的一年　A YEAR OF CREATIVITY

第 3 章
春季——如何徹底改變

一些關鍵情況需要徹底變革,需要檢視每一項工作實務,可能需要徹頭徹尾地改變一些工作實務。在這種情況下,你需要每一個人勇於對每種解決方案敞開心胸,打破傳統和舊習。

當一個新的、空前的挑戰逼近時,就是運用我們為春季收集的創意技巧與方法的時刻。我們首先來看一家公司的故事,它重新定位自身,使顧客和員工從消極負面轉變為積極正面。

麥當勞:把金拱門推向全球和在地化

一個本質上高度美式、有其優點和不那麼受歡迎的元素的餐飲文化,如何轉變成一個代表全球休閒選擇的餐飲現象?

麥當勞(McDonal's)不只是一家速食連鎖店,當它進軍一個國家時被視為一種象徵,例如:俄羅斯開放後,麥當勞在俄羅斯的設店就是一個例子。麥當勞是一種文化象徵,在 1994 年上映的電影《黑色追緝令》

（*Pulp Fiction*）中，麥當勞是一再出現的交談元素——主角文生在巴黎時發現麥當勞的四盎司牛肉堡（Quarter Pounder）在法國取名為「Royale with Cheese」，從而獲得啟示，這個哏在影片中出現了幾次，甚至還引發有關測量公制的討論。這部電影的導演兼編劇昆汀·塔倫提諾（Quentin Tarantino）顯然認為，納入四盎司牛肉堡這個哏，可以對全美式觀點加入一些從另一個透鏡來看待的觀點。

麥當勞遭遇過一些困難時期。伴隨人們的口味變得更全球化，它遭遇的競爭從未停歇過。在英國，自從麥當勞在1974年到來後，如今已有多不勝數的休閒餐飲選擇，從披薩到壽司，從泰國菜到夏威夷生魚蓋飯，從印度菜到越南菜（這還只是隨便一瞥當地餐飲指南所見）。所以，麥當勞如何改造自己，以保持領先？我們能夠從中學到什麼？

有時候，直接面對危機，就是創造力和前瞻思維駐足的時點。不久前，麥當勞在相當短的期間內遭遇一連串重大問題。2004年上映的紀錄片《麥胖報告》（*Super Size Me*）由摩根·史柏路克（Morgan Spurlock）執導、製作，他在三十天期間只吃麥當勞的食物，影片記錄這種飲食對他的身心健康造成的影響。

此前，麥當勞已經面臨消費者對於其食材出處和產品品質的疑慮，加上這部紀錄片，知名人士站出來質疑外帶餐點／速食的普及，質疑這些是導致肥胖症和糟糕健康後果的元凶。

在這種境況下,你要如何使你的顧客和你的員工,再度喜愛和信賴你?

麥當勞知道他們有顧客喜愛的產品,如今在仔細審視下,他們重新設計營養成分組合,從一開始就訂定高標準。任何跟行銷與銷售麥當勞產品有關的人,甚至是外面的供應商,都必須在麥當勞餐廳工作一週,以充分了解該公司的運作。從常務董事到練習生,只要麥當勞是你的客戶,你都得做好你分內的工作,不得有任何藉口(這也是讓人們了解你做的事是為了服務顧客的一種好方法。)

麥當勞的長處之一是,不論在何處,你獲得的都是相同的產品。但是,這已經變成既是一個優點,也是一個缺點。麥當勞內部的創意思考使他們認知到,他們可以在核心產品的基礎上,把產品在地化。是的,你可以在任何地方買到四盎司牛肉堡,但在地化並非只是像電影《黑色追緝令》中那樣換上不同的名稱。紐西蘭的麥當勞供應一種奇異漢堡(Kiwi Burger)──漢堡中添加了蛋和甜菜根;巴西的麥當勞供應烤香蕉派;日本的麥當勞供應照燒漢堡。在德國,你想要嚐點不同的,可以試試傳統德國香腸口味的麥咖哩香腸(McCurry Wurst)。麥當勞的經營管理團隊認知到,想要打動顧客,就必須融入他們的生活和身份認同,因此需要在地化。

你是否對你的顧客採取一體適用的方法?你是否能夠作出一些變化,使你的目標市場覺得你了解他們,知道他們想要什麼?傾聽消費者,能夠幫助你創造出對他

們有價值的產品。跟你的顧客交談時，你談的是對你們公司而言重要的東西，抑或對他們而言重要的東西？

在英國，現在的麥當勞使用一種他們形容為「自信又謙遜」的語調，基本上就是結合謙遜和自信的簡明，不傲慢或裝腔作勢，只是自信於他們所說的話和說話的方式。溝通失敗往往不是因為說了什麼，而是因為說話的方式；引起共鳴的不是內容細節，而是你講述時帶給聆聽者的感覺。麥當勞在英國的行銷變得愈來愈產品導向，側重短期投資報酬。現在，它決定不再以一波又一波的短期促銷活動為導向，改為聚焦在贏得信賴與喜愛。

在行銷方面，這是一種正面積極且徹底不同的創意干預。

喜愛與信賴不易贏得，因為這不是用三週促銷特定產品或贈品來創造的即時滿足。但是，喜愛與信賴會帶來忠誠度，以及人們對你們的品牌或產品的好口碑，在難以吸引注意力和提升市場歡迎度的世界，這非常難能可貴。為了贏得喜愛與信賴，需要長期致力於說故事。

你將會不時做錯，大家都是如此；當你訴諸情感導向的方法時，這是無可避免的。在麥當勞，引起反響的是儀式與行為。〔我們的友人馬克可以滔滔不絕地講述麥當勞的冰炫風（McFlurry），他是這個產品的專家。我們從未吃過冰炫風，這在他看來是件不可思議的事。〕在這種方法中，創意的要素是知道你犯了什麼錯，不再重蹈覆轍；學習，然後繼續前進。

麥當勞立足逾一百個國家，有超過四萬個據點，規

模及範疇龐大,但它面對高度不斷演變的各類競爭者及挑戰,包括外送服務業的成長、新冠肺炎疫情、消費者的食物喜好持續變化、支離破碎的顧客區隔等等。它的創造力在於內植於公司的風氣與態度,以及它的營運方式,它所做的每一件事都把終端顧客擺在中心地位。它無畏於稍微變化一下核心產品,以反映所在當地消費者的口味與喜好。它想贏得消費者的喜愛與信賴,同時也聚焦於為他們提供價值。從銷售廉價速食,轉變為投資於贏得消費者對其品牌的喜愛,這種階躍改變是以創造力發展事業的一個好基礎。麥當勞管理團隊積極推動以新穎方式去觸及顧客的心意,縱使在艱難時刻也堅持追求成長機會。

接下來,本章將會分享 13 種創意技巧,幫助你推動徹底有益的變革。春季的創造力技巧全都是關乎在新創意及方法中找到樂趣,不僅能為你帶來個人和情感上的成長機會,也提供在工作中獲得突破的創意。

不斷推進,直至突破

有時候,我們得適可而止;有時候,我們得推進,再推進。**在不斷推進之下,我們可能會得出我們未預料到的東西。**

音樂家調改樂器的聲音,這已有很長的歷史了。現今保存的最早的吉他只有三條弦,被發現和埃及歌手哈一摩西斯(Har-Mosĕs)與撥片一起埋葬在其僱主、女

法老哈特謝普蘇特（Queen Hatshepsut）的建築師森姆特（Senmut）的墓地附近。自那時起，吉他的形狀持續演變，加入更多弦。

最令人興奮的發展，應該是出現於3,500年後的1930年代：電吉他的問市。利肯貝克（Rickenbacker）綽號為「煎鍋」（Frying Pan）的電吉他在1931年製作出來；第一把實心電吉他是萊斯・保羅（Les Paul）在1941年設計與打造出來的，並且徹底改變了流行音樂界。萊斯・保羅在1940年代的音軌上錄製到達六個部分，還設計出自己的多音軌錄音機。

不過，現代搖滾樂的原音其實是失真音效，刻意把樂器推進到超出極限。1950年代，吉他聲音是根據1950年代早期的擴音器意外損壞形成的聲音而演變出來的；例如，1951年時，艾克・透納（Ike Turner）和節奏之王樂團（Kings of Rhythm）錄製的歌曲〈Rocket 88〉被一些人視為第一張搖滾樂唱片，這首歌曲中的獨特聲音是吉他手威利・基札爾（Willie Kizart）使用的真空管擴音器的喇叭壞掉了。1962年，田納西州納許維爾市的錄音室工程師格蘭・史諾迪（Glen Snoddy）發明了法茲音（Maestro Fuzz-Tone）——讓吉他的原音失真到完全聽不出來是吉他的聲音，這是現代搖滾樂的聲音。誠如吉他手暨歷史學家湯姆・惠勒（Tom Wheeler）所言：「若你是滾石樂團的吉他手凱斯・李察（Keith Richards），正在創作〈Satisfaction〉這首歌，你可以在純吉他上彈奏，但你不會得出那種挑動、乖張、陰鬱、有太強烈風

格的味道。」

自動調音（autotune）技術也延續了這種推進至超越正常的創作方法。自動調音技術在 1990 年代問世，幫助走音的歌手作出修正，但後來演進，自成一種聲音。這種技術的初始意圖是幫助節省時間與金錢，確保能夠修正歌手走音的部分，但自動調音後來變成歌手的一種新聲音，增益流行歌曲市場。雪兒（Cher）在人氣歌曲〈Believe〉中使用了這種未來主義聲音，使得這首歌成為她最暢銷的歌曲之一；時至今日，這種獨特的自動調音仍被稱為「雪兒效果」。現在，人人都使用它來潤色原音，或是轉變一種聲音。使用自動調音的知名藝人包括傻瓜龐克（Daft Punk）、蕾哈娜（Rihanna）、小甜甜布蘭妮（Britney Spears）、黑眼豆豆（Black Eyed Peas）、凱莎（Kesha）、德瑞克（Drake）等等。它如今是所有現代流行歌曲的聲音，令你可能納悶為何你本身沒有錄製一首流行歌曲，畢竟就算你唱得荒腔走板也沒關係。

這兩種創新把漂亮聲音——古典吉他和人聲——刻意失真至突破它們的境界，因而創造出新東西。

採取行動

不斷推進你的創意，直至它改變、突破，成為新東西。別認為你的創意已經夠好，就此停止，再向前推進，嘗試打破類別或產品範式。別擔心，必要的話，你總是可以再退回去。但若你持續推進，可能會得出一種改變世界的創新。

啟動革命

根據麥肯錫的調查，94％的主管對他們公司的創新表現不滿意，這足以使我們所有人雙手一攤，交給腦力激盪會議和衝刺會議吧！我們回家小睡去了，反正現有的方法似乎全都不管用，幹麼再傷神呢？

或許，是該來場革命的時候了，以使對創新表現感到滿意的主管超過6％。

從基本的觀察做起，觀察你們的日常例行公事和老規矩是否阻礙了你們需要的創造力——我們是否應該改變規劃未來計畫的方式？看看誰參加了這些會議，他們的職務角色是什麼，考慮是否要改變層級，讓較資淺的人主持會議，他們也許能對問題帶來新鮮觀點。在這種情況下，還有一種有助益的做法：讓大家別擔心提出「錯」的點子會影響到升遷前景。

你們是否總是在相同日子、相同時間和相同地點開會？作出一些改變。把你們的問題拆解成不同的部分——要瞄準的顧客，以及他們說他們想要什麼（以及他們沒有說什麼）；相關的作業流程；遞送及物流等等。把團隊區分成較小的多個小組，讓他們出去走走，喝咖啡，對問題作出更廣泛的思考。別對這些小組設限，現在不是太深入細節的時候，等到把大家的點子匯集起來時，再一起把它們結合起來。革命是大破大立的，有時也會令人有點害怕，我們得充分擁抱。

革命必須推得足夠廣泛，才會成功，否則就只是一

個壓力團體罷了。廣泛且超越組織地通力合作，以創造你們的計畫和流程。有很多例子是，有人看到另一個產業中的一種工作模式，促使他們重新檢視、評估原先的做事方式。別盲目假定你知道一切。

推動革命時，拆解既有的層級組織可能令人感到不適。但若你不擁抱革命，那些害怕提出疑問和害怕提出異議將遭到報復的畏懼心理，將會阻礙真正的前瞻思維。人們會覺得，繼續聚焦於可預測、可靠的結果更為安全，但是這將使你們組織漸漸變得如同許多其他組織一樣，淪為完全慣性運作，不再適合市場。

堅持在每次開會時，只基本地摘要回顧你們組織截至目前所做的，把90％的時間花在展望未來，推進提出的創意或提案，使它們變得更大、更好、更大膽。別擔心六個月的KPI目標，這場革命必須振奮及改變你們所做的事。光是改變產品包裝上的字體，不會使你們的目標顧客趕著回家和心愛的人分享，除非他們真的很愛這個新字體，或是沒有其他消息能和家人分享了。

從不可能的東西或境界起步，往回溯，在你們感到安適自在的境界之前止步，別再回溯至你們的安適自在區了。你們目前已經處於安適自在區了，這是為何94％的主管對創新程度感到不滿意的原因。禁止在你們的會議中使用「漸進」（incremental）這類詞彙。

也考慮你們的革命中是否有「對齊／一致」（alignment）這樣的字眼。真正的革命不應該存在這些字眼，因為沒有任何革命是建立在所有人意見一致的基

礎上。容許一些緊張對立,看看進一步探索能把你們帶到哪裡。

> **採取行動**
>
> 檢視你們的規則,徹底改變。你必須了解你所屬領域或類別裡,有哪些捷思法或經驗法則,然後設法打破。列出一張傳統智慧之見清單,再列出一張你們的做法相反於前述傳統智慧之見的清單。

使用新人

我們全都喜歡熟悉的事物,起碼在一些時候是如此——日常生活中的各種儀式和習慣;喜歡的一只馬克杯;固定散步;通勤時的「自動駕駛模式」。

創造力訓練公司 ?What If! 稱此為「停留在你的流動裡」(staying in your stream),他們在 1999 年出版的探討工作場所創新的書籍中,呼籲打破我們大腦中的預設型態。人腦傾向抄捷徑和仰賴以往經驗來快速作出決策,?What If! 說:「平均而言,我們每天早上會穿七、八件衣物。想像一下,若我們每次都嘗試每一件,看看怎樣搭配最佳……,那將會有超過一百萬種可能的組合。所幸,我們的大腦不會讓我們為所有的這些可能性傷神。大腦會這樣簡單下指令:『那看起來像隻襪子,穿在你的腳上。』」大腦引領我們作出假定:若某樣東西看起

來很熟悉，若你不經思考就知道它適合哪裡，那你就不會對此有所質疑。

這就是傳統智慧之見勝出的地方。你每次試圖打破傳統智慧之見時，都會遭到抗拒。首先，是來自你的大腦的抗拒——你的本能可能對你喊叫，要你遵從傳統智慧之見。其次，是來自周遭人的相似抗拒反應。你周遭愈是環繞傳統智慧之見，你就愈不可能得出創新、富有創意的解決方案。事實上，正因為你不質疑現狀，可能讓周遭人開心；你針對任何現行或新問題提出的創新解決方案，不大可能令他們感到開心。

擁抱新東西，對成長很重要，而確保這麼做的一條途徑是信賴新人，以及那些缺乏經驗、但帶來新鮮展望的人。

獲頒大英帝國勳章的阿爾塞納・溫格（Arsène Wenger），是位於北倫敦的兵工廠足球俱樂部（Arsenal Football Club）任期最長、最成功的經理人。他從1996年起執掌兵工廠隊，在他執掌期間，該隊創下輝煌成果，包括多座獎盃、42場聯賽不敗紀錄、打進歐冠聯賽。在英國，足球隊經理人通常任期不長（平均任期只有幾年），溫格從1996年執掌兵工廠隊，直到2018年。他能夠創下輝煌成果和任期如此長，靠的是擁抱新的人事物，除了改變球員訓練方法和他們的飲食（不准吃垃圾食物，吃水煮雞，注射維他命），他還以注入年輕新血聞名。

執掌兵工廠隊的22年期間，溫格栽培璞玉，強調挖

掘和訓練年輕孩子的重要性。他把信賴年輕人視為他對兵工廠足球俱樂部注入的重要價值觀之一，他說：「我們想要很成功，但不會忽視必須給予人們機會。」

溫格接掌時，富有的足球俱樂部有一個傾向，那就是買進已經在另一個俱樂部證明自身能耐的球員。但是，溫格的作風不同，他投資於年輕人，乃至於兵工廠後來還變成更大的球隊供輸球員的俱樂部。溫格發掘栽培出數十名年輕足球員，包括派屈克・維埃拉（Patrick Vieira）、布卡約・薩卡（Bukayo Saka）、羅貝爾・皮雷斯（Robert Pires）。他創立的青訓學院（The Youth Academy）是英國最成功的培訓隊之一，他支持的許多球員目前仍是全球頂尖水準。

你在工作中為年輕團隊引進了誰？當一項職務出缺時，你能晉用經驗不足、但具有潛力的人，並對他們提供格外的指導及關顧嗎？**缺乏經驗，不了解「我們這裡的做事方式」，反而有可能產生更好的點子和新突破。**

採取行動

使用新人來為你們預設的解決方案提出質疑。自外引進新的人事物，主動嘗試，別等待人員或創意自我證明。引進單純或無經驗的團隊成員，傾聽他們的第一印象。

誇大

把一個點子、一道問題或一項疑問加以誇大，這有助於找到富有創造力的結果。

史上最知名的廣告之一漂亮地展示了這點。索尼 Bravia 平板液晶電視機的彩球廣告中，成千上萬的彩球在舊金山的斜坡街道上彈跳而下，把「增強顏色」這個概念誇大到不僅改變你的電視觀看體驗，也改變你的全身心體驗。據報導，這支廣告的藝術導演胡安・卡布萊（Juan Cabral）原先甚至想要做得比最終版本更誇大：他想要丟 100 萬顆彩球到街上，但是在開拍之前，他們無法找到 100 萬顆彩球，最終只用了 25 萬顆。

蘋果電腦的「1984」廣告，把「順從」誇大成一個反烏托邦夢魘，只有蘋果的革命性新電腦能夠把我們從這個夢魘中拯救出來。

歐仕派（Old Spice）男性美容產品品牌提供：「使你的男人聞起來像那種男人⋯⋯。」當然，在真實世界裡可能無法成真，但是在你最狂野的夢想裡絕對沒有問題。

在廣告領域之外，誇大也能驅動創造力。英國電視劇《浴血黑幫》（*Peaky Blinders*）的編劇史蒂芬・奈特（Stephen Knight）使用真實世界在伯明罕的一個街頭幫派，並且誇大幫派老大山姆・謝爾登（Sam Sheldon）的個性，但藉由把他變得更聰敏、更帥氣、更英勇，創造出影集中極具吸引力的主角湯米・謝爾比（Tommy

Shelby）。

把威脅誇大，有助於在事業的解決問題過程中激發創造力。有人可能會覺得，在多變和顛覆破壞的時代，真的已經沒有必要再誇大，但是若你們能夠超前，變革就會變得沒那麼困難。檢視一流的服務——別只看你們的競爭群，也向你們所屬產業之外看各行各業的一流服務，然後重新想像你們可以做到的客服。若你們的實力最接近的競爭者也提供那種一流水準的客服，將會發生什麼事？你現在必須採取什麼行動，以確保你們組織的競爭優勢？

風險管理不僅需要管理可能發生的最糟情境，也要處理萬一發生最糟糕情境時，你們事業對風險的胃口。

當你們為顧客本身甚至還未覺察到的問題提供解決方案時，這不僅有助於搶佔潛在顧客或對既有顧客再次銷售，也可以加快新產品的發展及提高滿意度。或者，想像你們瞄準的客戶是你們所遇過的客戶中最不講理的？想像他們有著《公主與豌豆》（The Princess and the Pea）故事裡公主的標準，以及一個學步童的耐心。

本書的作者之一在 2020 年和所屬團隊參加一場全球廣告比賽——坎城創意獎的「善行創意」（Creativity for Good）競賽，我們把誇大思維應用於其中一個洞察。我們的團隊成員法蘭西絲卡‧藍尼耶里（Francesca Ranieri）指出：「若女性獲得的事業資金跟男性一樣多，若她們結合她們的商業優點，她們能夠成為世界上最強大的經濟體。」從這個誇大的經濟事實出發，我

們和團隊成員路卡・麥佛提克（Luka Mavertic）及艾芬伊・迪比亞（Ifeanyi Dibia）為世界女性基金會（World Woman Foundation）製作出一支推銷「IWON 國製」（International WOmen's Nation，一個想像的國家）產品與服務的廣告，並且因此在比賽中獲獎。

若你陷入困難或苦惱，有創意地誇大可能帶來意外的幫助。你害怕某件事嗎？例如一場困難的會議？你需要作一場演講？一場人脈社交活動？可能發生的最糟糕情境是什麼？若真的發生了，會有多糟糕？本書的作者之一非常害怕人脈社交活動，後來她的社恐獲得化解，助力來自本書的另一個作者的支持，以及詢問她自己的女兒，她們如何這麼善於社交（儘管她們年紀很輕）？她們回答：「我們只是想若情況糟糕的話，以後我們就不用再和此人交談了。」認知行為治療（Cognitive Behavioral Therapy, CBT）也使用這種技巧來幫助接受治療者停止擔憂——誇大最糟糕的情境，再進一步考慮你可以對此情境作出什麼回應。根據《今日心理學》（*Psychology Today*）雜誌的「認知行為治療一學就上手」（CBT Made Simple）專欄：「若發生最糟糕的情境，你會如何應付？若你今天開了一場很糟糕的會議，這天剩餘的時間，你可能都很沮喪。蜷縮在沙發上，吃冰淇淋，看電視，翌日重新振作。」**有創意地誇大能夠幫助種種情境，想像最極端的情形可能很有幫助。**

> **採取行動**
>
> 你在尋求一個有創意的解方嗎？誇大，戲劇化，把它極致化。想像事件的最極端版本，並且足夠大膽把它完成。若 2012 年倫敦奧運開幕式的籌辦者當時認為，邀請伊莉莎白二世女王出席這場盛典是件太困難的事，他們就不會去邀請。結果，她不但出席了，還請來詹姆士．龐德（James Bond）陪同，搭乘直升機跳傘降落奧運會場。

勇敢

在工作中勇敢，這是個複雜的主題，多數人對此概念感到不安。勇敢只是指在工作場所勇於對抗不正義之事嗎？未必。

鼓勵團隊及同事勇敢，就是鼓勵他們冒險，進而得出創新和新點子。 如前文所述，創造力是一個組織進步的關鍵要素，若員工覺得有勇氣提出疑問，發言，嘗試新點子，創新就更有可能基於現實，並且生根成為組織的一種方法。這也會使同仁覺得他們能夠對任職的組織的未來作出貢獻。

前文討論過腦力激盪的缺點，但若你仍要舉行腦力激盪會議，至少堅守你為大家訂定的規則。我們曾經聽到這樣的故事，腦力激盪會議的主持人說：「這是一個創意空間，不存在壞點子這種事」，但隨即加上一句：「除了那個，喬伊」，指的是第一個浮現的點子。是的，

這是限制性方法的糟糕例子，有點可笑，但是你們的腦力激盪會議是否進行得更有條理呢？誰主持？運作方式如何？會議活潑開放，鼓勵發言，抑或總是表現出輕蔑及防禦的心態？想想你們在會議中提出的疑問，你們如何處理建議，給出反饋？嚴格檢討你們自身的表現。

我們聽過一家企業的高層去一間很昂貴的飯店舉行三天的管理高層會議，他們被要求提出三個方法，改變公司，使它成為市場領先者。但是，會議的安排不是很適當，垂直形式的跨團隊並不確切了解其他事業單位的運行方式或它們的長處與弱點，因此大部分時間浪費在解釋為何特定方法行不通，原因是監管、地理或後勤性質。三天會議終了時，大家都對各事業單位有了更多的認識，但一開始只是要求想出三個方法，卻沒有背景脈絡、知識或流程，注定這場會議的失敗。儘管團隊在最後一場會議時得出要向董事會提出的構想，但沒有一個構想在這三天的策略會議之後被進一步探討，也沒有人提出反饋意見。

我們並不是建議讓你的會議變成所有人都能參加，沒有架構或流程，這麼做只會浪費時間，也不適當。但是，若能先建立一個清楚的架構，成功的可能性會更高。思考你在會議中使用的語言及方法，若你說：「珍妮特，這個點子顯然沒用」，很可能下一次珍妮特將不再是最踴躍發言的參與者。何不使用一種新語言？不用絕對的「是」與「否」，改為更具鼓勵性質的語言？你可以把會議中提出的所有建議分成三類：

猶豫——這點子可能有優點,但目前不是那麼可行／不在我們的能力範圍內。

打磨——乍看之下,這點子有趣,我們還需要做些什麼,使它進入甜蜜點?在把它推進下一階段前,是否有我們需要考量的作業、物流或其他層面?

完美——我們喜愛的點子,要如何準備付諸實行?

導致人們不勇敢的主要原因是害怕遭到批評,以及考慮到升遷。鼓勵同事談論他們的點子的優缺點,當他們這麼做時,別讓反饋迴路立刻展開,這不公平。先讓整個點子發酵,再使用類似這樣的句子:「聽起來很好,若……會變得更好。」鼓勵人們勇敢,也等於是讓他們在組織中發揮更多效用,有時是那些天天執行工作者看出正在發展中的一個流程將行不通。

採取行動

主動創造心理安全感,確保整個團隊能夠勇敢。每場會議開頭,先向所有參與者保證這是一個安全空間。你可以分享有關於勇敢的個人故事,以及你曾經犯過的、大家都能夠從中學習的「好」錯誤的故事。

給予幼苗成長的時間

我們運用創造力來驅動變革時,通常背後動因是更廣泛的事業考量,而非只是單純地想用新方式來做事。你們組織可能已經強烈感覺到正在喪失競爭優勢,或者你們組織跟一群其他公司一樣,正在努力追趕領先的競爭者,又或者,你們組織因為覺察漸漸陷入停滯的危險,因而致力於翻新重振。有時候,翻新重振是最困難的過程,因為團隊可能覺得沒有什麼層面有問題,顧客滿意,績效數字達標,有何必要作出改變呢?

創造力必須在團隊內部受到歡迎與擁抱,否則將不會產生想要的成效。你需要創造力在組織文化中生根,被擁抱為組織運營模式的一部分。被視為無價值和沒必要的一系列折騰縱使沒導致任何大問題,也會帶來傷害。所以,我們如何創造擁抱創造力的環境條件,以確保所做的事情不是無意義的天馬行空?

探索新東西常被架構成需要找到一個解方——為現在及未來的課題找到一個解方或理想的答案,但是這種方法與態度本身可能導致一些問題。首先,「最終目標」對創意過程構成一個巨大壓力,因為我們會強烈聚焦於不惜一切代價得出正確點子,這可能使得創意過程的參與者覺得,只有完全成形的、立即可用的解決方案才會被需要。這猶如意料之外被要求向別人講述你最喜歡的笑話,在這種突如其來的要求下,鮮少人能夠講出引發歡笑的笑話。在壓力下,多數人會說,他們當下想

不出一個好笑話，這會令交談的所有參與者都感到有點尷尬——被要求講笑話的人會納悶幹麼突然要求他們做這件事，而提出要求者會感到沮喪，覺得無助。壓力有時是助力，但通常不是。

很多人認為，當嘗試解決一個問題時，最好是有一個焦點。**但我們鼓勵你在過程中有多個頭緒，不要只有一項聚焦，這樣才能產生多個選項，以分散風險。**讓參與創意過程的團隊有充分的時間進行分析及測試，這個過程就像栽種植物——播下你的創意種子，灌溉，等待成長。最早從土壤中冒出的幼芽可能看起來是最強壯的，但有時候恰恰相反：它們出土得太早，環境條件的變化可能使它們致命。（就植物而言，可能是降霜或低溫導致這些幼芽死亡；就點子而言，可能是最新浮現的點子禁不住現實的考驗。）

採行多種考慮的做法的另一個益處是，你可以更廣泛地挑選人員加入發展創意的團隊。創造力太常被視為是只有精英、比較能幹的一群人的專長，其實不然。絕大多數呼籲展現創造力的忠告，並未叫我們聚焦在企業內部建立一座西斯汀小堂（Sistine Chapel），對吧？所以，讓你的同事自由、有自信地發展創意吧。把創意移植於戶外的時刻終究會到來，但在此之前，請讓它們先展開壯碩開花之前的旅程吧。

> **採取行動**
>
> 像春天播種那樣，栽培你們想出的點子。保護它們免於遭到霜害，灌溉它們，為它們保持溫暖，讓它們有時間成長與茂盛。別在點子剛提出時就負面對待，避免過度批評，持續仔細考慮，讓它們有機會發展。

加倍注入可用資源

除非你隸屬於一個大組織，有自己的研發單位，甚至可在公司中只專注於做創新工作的一個部分，否則你可能得一邊做日常工作，一邊試圖展現創造力。

這可能是人們討厭參加那些旨在展望未來、防止過時的會議的原因之一。財務總監談論公司及前景發展，但你一心想的是你的手機上顯示了一個客戶的來電及訊息，抱怨他們訂購的貨品還未送達，而且這不是第一次發生這種事了。當你正擔心有什麼風暴正在醞釀時，很難有什麼創造力和創意。因此，在分配資源時，請留意那些你通常會求助的困難夾點，例如：會計年度末尾、夏季假期、商展等等，這些資源吃緊的黑洞常被忽略。

逆境中有可能迸發創造力，但狂亂與絕望不是一個理想的起始點。**若你決心展開改變及發展之路，你必須認真檢視你將提供給創造力的資源**，不光是你打算指派多少人去做一項創意專案，有時候，投入的人員數量反而會變成

一道阻礙，尤其是在沒有一個清楚的架構下。**起始點是檢視你的人才池，思考在哪些層面你可能需要再多一些資源。**

思考這些問題：時間的安排如何？若你們是為客戶做一項短期專案，可能只需要類似一支特種空勤團（SAS）的團隊——人員數量少，流程緊湊，能夠快速交付基本成果。若你們做的是一項涉及多方利害關係人的長期計畫，你需要一支完全不同的團隊，有一系列滾動式的目標，而非一次快速解決。這聽起來好像很簡單，但想要維持低數量人員，有可能導致小規模團隊精疲力竭。他們試圖做太多，資源太少，你這是在拿你最寶貴的資產——人員——冒險。

知識

你們對終端顧客有足夠的了解嗎？你們內部有資訊可以分析，以獲得洞察嗎？你們知道要對這些資料提出什麼疑問嗎？或者，你們需要別的觀點嗎？你們的競爭者正在做什麼，哪些方面做得很好？

思考／運作方式

誰負責把點子變成計畫？這是營運還是後勤部門的職責？抑或兩個部門的職責？不論哪個部門的職責，你應該增加資源，幫助處理他們在把點子付諸實行時可能發生的任何緊張嗎？

人員

你的團隊人員是否好奇、喜歡新概念、願意冒

險嘗試？如果不是，縱使是最有幹勁的團隊，也可能不會展現出多少創造力。哪怕只有團隊核心人員富有這種好奇心，也能夠形成動能，其他同事可以學習如何推動最佳創意。

動能

做新的東西時，將無可避免遭遇挫折。什麼動力能使你們繼續努力？你需要對那些能夠促使團隊繼續努力的領域增加資源嗎？過程開頭需要的資源分配，可能不同於接近完成時需要的資源分配，別害怕替換人員。讓換下的人在板凳上休息一陣子，只要記得肯定他們的貢獻，而且你們從一開始就清楚將需要作出這種替換，這種輪流上陣的做法就不會有問題。

有時候，在過程中加入一些新聲音，可能有所幫助。他們沒有私心企圖，他們能夠幫助指出你們在緊張且聚焦於手邊點子時忽視的小細節，或是你們沒有看出來的東西，例如：PowerPoint 投影片上一個重要客戶的名稱打錯，還好後來及時發現。

採取行動

迫切性和人員減縮的團隊有可能激發創造力，但這不是唯一之道。試試充沛性，對問題投入加倍資源。從其他專案暫時借調人員，看看資源充沛的團隊能發展出什麼。

對潛意識作出提示

　　講述洛杉磯重案組刑警故事的電視影集《神探可倫坡》（*Columbo*）首季在 1971 年播出，五十多年後，現在仍在一些電視頻道上播出，而且仍然受歡迎。由彼得·福克（Peter Falk）主演的這部影集，打破了懸疑推理劇的模式，因為你總是在開場場景中就知道犯人是誰；坦白說，你終究會知道，口條不清、但非常傑出的刑警可倫坡將會抓到他們。但是，錯綜複雜的情節，他找出及確定犯人的曲折過程，以及他經常說的那句：「還有件事……」，為這部影集贏得漂亮的收視率。《神探可倫坡》禁得起時間的考驗，在疫情期間尤其受歡迎。

　　它的關鍵要素是出色的演技、犯罪者總是低估警探，以及可倫坡足堪模範的注意細節。其他的插科打諢也很經典，包括可倫坡和他那隻名為「Dog」的可愛、溫吞的巴吉度獵犬之間的關係，以及他引以為傲的那輛經常被誤以為廢棄車的標誌 403（Peugeot 403）老爺車。

　　基於這些理由，及其教育作用，我們很喜愛這部影集。它有一集很精采地解釋了潛意識的強大作用，以及如何利用此作用。當你在解決問題或面對頗有難度的推銷時，了解潛意識的作用力及如何利用，對你會很有幫助。

　　在 1973 年 12 月首播的這一集〈雙重曝光〉（"Double Exposure"）中，劇情講述一位廣告公司主管殺害了他的一名客戶，因為該名客戶揚言要舉報一個勒索團體。

這個兇手是誘導研究和潛意識廣告方面的專家,他在一部影片中插入了幾個很酷的酒精飲品畫面,這些畫面帶過的速度非常快,意識通常不會注意到,但潛意識會,使得觀看者(那個被謀害者)渴望喝酒精飲品。在此同時,他確保受害人喝酒精飲品時,也吃很鹹的點心。當這名受害人外出飲酒時,犯罪情事發生了,兇手的不在場證明是他正在為影片作旁白(當然,他是預錄音軌)。可倫坡得知了這個專家的專業,最終也使用他自己的潛意識畫面來抓住他。

我們從這部電視影集中學到潛意識的作用力,但這可不是虛構的東西;事實上,潛意識廣告的影響力強大到使得英國、美國及澳洲自1950年代開始禁止。

現代廣告業致力於確保廣告吸引人們的注意力,廣告比以往多,但也有很多方式避開廣告,因此廣告業如今已經變成注意力之戰。《富比士》(Forbes)雜誌如此結論:「在注意力經濟中,每一秒都很重要。對品牌而言,推出能夠留住觀眾注意力更久的廣告內容,不僅能夠產生更高程度的互動、提高品牌的被想起率、改善消費者的信賴度,還能夠對品牌的業績有正面影響。簡言之,更多的注意力,意味著更高的營收。」

但是,處理資料和資訊的方法有兩種,其一是高注意力處理(high attention processing),仰賴專注力;其二是低注意力處理(low attention processing),主要跟潛意識廣告的作用有關,也就是那集《神探可倫坡》中描述的情形。低注意力處理是讓潛意識運作,潛意識的

作用力其實更強大。

　　這是你的頭腦中的爬蟲腦部分——人腦中最古老的部分，司掌最重要的人類本能：生存。這是種系發育中很原始的頭腦部分，許多人稱為「蜥蜴腦」（lizard brain），因為包括蜥蜴在內的爬蟲類的腦中只有爬蟲腦（reptilian brain），沒有邊緣系統（limbic system）。蜥蜴腦司掌戰鬥、逃跑、餵食、恐懼、驚呆、交配。你可以用隱性訊息訴諸一個人的蜥蜴腦，但別跟蜥蜴腦講理，在訴諸蜥蜴腦時，要以情緒上的安全感作為說服前提。我們曾見過一項研究證明，對一家銷售安全門的公司而言，最成功的廣告影像是展示半開的門，而非閉鎖的門。為什麼？因為對孩童而言，一扇關閉的門象徵的是被拋棄。

　　你和你們團隊能夠找到方法與角度去訴諸蜥蝪腦／潛意識嗎？ 當然，我們並不是在建議你採用不光彩的說服方法，而是建議你可以考慮事業挑戰的深植和情緒原因，並且針對這些原因設法做些什麼。或者，你們可以嘗試使用神經語言程式學（neurolinguistic programming, NLP）技巧，例如：鏡映你的潛在顧客，以視覺化、聽覺化、情感化的方式展示解決方案。透過探索童年時期原型（childhood archetypes），以及提供不只是交易性質的解決方案，來減輕焦慮。

> **採取行動**
>
> 在推銷、說服或領導團隊時，若你也能夠訴諸潛意識，將可比光使用邏輯推理能夠做到的境界更進一步。不妨去上上看 NLP 神經語言程式學的課。幫助團隊了解童年時期原型，並且善用這份理解來發揮創造力。

改變方向

匡威（Converse）All Stars 籃球鞋的故事，是一段改變方向的歷史。

All Stars 堪稱史上最著名的運動鞋，超過 60％ 的美國人擁有或曾經擁有一雙。從已逝的詹姆斯・狄恩（James Dean）到寇特・柯本（Kurt Cobain），現代傳奇人物都穿過。蜜雪兒・歐巴馬（Michelle Obama）、碧昂絲（Beyoncé）、蕾哈娜、凱蒂・佩芮（Katy Perry）、女神卡卡（Lady Gaga）等等多不勝數的名人，也全都曾被目睹在日常生活中穿匡威運動鞋。

匡威最早生產的是橡膠套鞋，馬奎斯・米爾斯・匡威（Marquis Mills Converse）於 1908 年在美國麻州創立這家以其姓氏命名的公司，季節性製造冬季雨雪天穿的橡膠套鞋。

該公司的第一次方向改變出現於 1915 年。為了讓員工全年受僱，該公司開始生產運動鞋，同時也使用該

公司的核心成分——橡膠——來使鞋子防水、耐久且輕量，比皮革更能抓地。

1918年，匡威公司製造出第一雙All Stars，供應給極熱門的籃球運動。起初，銷售量慘澹，但拜另一次的方向改變之賜，銷售量很快就一飛沖天，這都是因為一名銷售員。

查克‧泰勒（Chuck Taylor）在俄亥俄州阿克倫泛世通俱樂部（Akron Firestone）打半職業籃球。1923年，二十歲出頭的他改變方向，成為匡威的銷售員。他在籃壇上銷售匡威球鞋的績效太成功了，以至於該公司1932年在球鞋的腳踝處品牌標籤上加入他的姓名。泰勒畢生投入於提倡籃球和推銷匡威鞋，在全美各地奔波，大部分時間都在車上渡過。

1957年，匡威再度轉軸，推出低筒All Stars運動鞋，成為極受歡迎的另類休閒鞋。甚至到了今天，高筒和低筒All Stars仍然廣受歡迎，暢銷全球。1970年代，以往是精英籃球員球鞋選擇的匡威鞋變成了一種反文化鞋，各種顏色及風格的鞋款問世。1990年代，該公司僱用一家潮流研究公司來幫助辨識未來趨勢，以最酷的行銷手法推銷鞋子。現在，職業籃球賽上已經看不到選手穿All Stars了，但因為該公司的幾次改變方向，匡威稱得上是史上最成功、最著名的運動鞋品牌之一。

接下來是另一個傑出轉軸或改變方向的範例。在我們兩個小時候，英國的能量飲料葡萄適（Lucozade）被行銷為病童的藥劑。在長達數十年間，其位於倫敦的

原始工廠的外牆上繪了一個霓虹標誌,在奇斯威克區(Chiswick)的跨線橋上都可以清楚看到這個標誌旁邊寫著:「葡萄適幫助復元」(Lucozade aids recovery),這也是原始電視廣告中使用的產品標語。

葡萄適是紐卡索市(Newcastle)的藥劑師威廉・沃克・杭特(William Walker Hunter)在 1927 年使用葡萄糖和氣泡水調製出來的。但是,1970 年代,英國國民的相對健康狀態明顯改進(流感大流行減少,一般疾病的罹患者減少),葡萄適的銷售量快速下滑。

這個品牌在 1982 年改變方向,從病童的藥劑變成運動飲料,廣告標語從「幫助復元」改為「補充流失的能量」,包裝從包覆著橘色玻璃紙的大玻璃瓶變成單次飲用的塑膠瓶。這項產品不再於藥房販售,改以超市、便利商店及糖果店等當作銷售通路。新的廣告由贏得奧運金牌、非常受歡迎的英國十項全能運動員戴利・湯普森(Daley Thompson)拍攝,瞄準日常運動者,而非媽咪。這一切改變了這個品牌的命運,後來陸續開發出多種配方與口味。

有時候,事業必須改變方向,在品牌的歷史長處鄰接領域尋找新的成長源頭。改變方向是創造力的一個象徵,有時候個人也需要這麼做。

自 1980 年代起,莎拉・甘迺迪(Sarah Kennedy)的職業主要是一名非常成功的時尚新聞工作者,為《哈芬登郵報》(The Huffington Post)、《每日電訊報》(The Telegraph)、赫斯特集團(Hearst)旗下雜誌,以及《紐

約觀察家報》（*The New York Observer*）撰寫文章。她也是一名書籍作家，著作包括《25種復古風格》（*Vintage Style: 25 Fashion Looks and How to Get Them*）、《泳裝史》（*The Swimsuit: A Social History*）。

歷經四十年的新聞工作職涯，五十多歲時，她改變方向。在迷人的康乃狄克州新米爾福德鎮〔New Milford，電視劇《吉爾莫女孩》（*Gilmore Girls*）的拍攝地〕開了一家精品店，銷售復古手提包、服飾、以永續材質製作的家居用品、健康美容產品：遊獵系列（The Safari Collective）。她的改變方向從復古包開始，她從二手銷售品中淘得這些中古包後，使用從YouTube上自學而得的方法，把它們整修。莎拉從青少年時期就開始尋找個人的復古風格，她告訴《獨立報》（*The Independent*），她的個人風格遠溯至1970年代末期：「1979年，我在赫爾市（Hull）的一間俱樂部看到兩個超酷的女孩，她們告訴我，她們的衣服全都是二手品。我很快就丟棄我的迪斯可娃娃裝扮，隔天就用5英鎊買了全新的行頭。」

莎拉說：「這是一種創作過程。我想用我的雙手做東西，而且我也厭倦寫作了。甚至到了什麼地步？在2022年的紐約時裝週上，我心想：『我不想再做這個了，我們全都在寫一樣的東西，我們全都混亂成一團。』時裝領域充滿了想維持現狀的中年人，令人窒息、倦乏。我決定結束了，我想遇見更多人，不想再坐在電腦前了。」她現在喜愛天天與人互動（作家不是總能這樣）。

莎拉指出：「有創造力，並非一定是指畫一幅畫作或寫一本書。創造力是一種心態，創造力跟靈感相關。」

莎拉放棄了一項有地位的職業，放棄寫作也是一件大事，但是她厭倦了，該是改變方向的時候了。她的結論是：「年紀愈大，愈需要向前展望。」

> **採取行動**
>
> 如果你感覺好像卡住了，或者覺得一切好像變得很無趣，或是你的事業發展好像有點熄火了，試試改變方向。如何轉移到能為你帶來收穫的一條鄰接途徑？記得，當你在考慮各種選擇時，眼前的選項有可能看起來很極端，若你轉換視角或提升你的觀點，你可以看出一個不同方向可能把你帶往更好的境界。

建立偶像

我們周圍充滿各種偶像，我們的生活以這些偶像為指引。

道格拉斯・霍特（Douglas Holt）在其著作《從 Brand 到 Icon，文化品牌行銷學》（*How Brands Become Icons*）中寫道：「象似性（iconicity）的關鍵是，人或物被廣泛視為社會認為重要的一組概念或價值觀的最具說服力的象徵。」1950 年代，詹姆斯・狄恩或哈雷機車代表叛逆傳統的壓倒性多數；百威啤酒（Budweiser）成為支持那

些尋常被忽視的男性的啤酒品牌。1980年代，福斯Golf車款（Volkswagen Golf）的一支廣告，成為獨立女性的典型映像。

偶像有吸引人們的神話和一組信念，如同霍特所言：「當你成功創造一個神話時，消費者就會認知到產品體現的這個神話，他們會購買產品以浸淫在這個神話，和品牌建立關係。」

面對你的問題或挑戰，該是時候引進一些春光了。**思考如何使你的產品／服務變成一個發光的偶像。如何讓它代表逃離社會的某種壓力？** 能夠設法代表時代思潮需要的精神嗎？

這裡提供兩個廣告界用來建立偶像的技巧：

1. 好萊塢化——讓平凡昇華，使它變成偶像。
2. 讓它變成永恆、成為經典，賦予它高度。

好萊塢化 有些廣告讓產品變成偶像。有時候，只須用最出彩的廣告，就足以使一項簡單平凡的產品昇華。霍維斯麵包（Hovis Bread）高明地利用懷舊的力量，使一條平凡的吐司從商品昇華為回到家鄉的味道（還記得在當年的廣告中，一個小男孩推著腳踏車走上坡路，以及最後一句廣告詞：「今天一如既往般美好」嗎？）。

讓它變成永恆 有些品牌堅定傳達永恆不朽的經典。沒有酩悅（Moët）香檳的慶祝，就不成慶祝的樣子；用一杯茶來慶祝，味道就是不一樣。從來沒有不喝酩悅香檳的慶祝，未來也不會有。真正永恆不朽的經典，

絕對不改變其根本;紐約是一座經典城市,雖然會不斷地翻修改造,但是從未改變其根本。

　　一些傳播媒體使品牌昇華;電影是一種創造明星及偶像的媒體,一部電影中展示的創作引發嚮往的程度,明顯高於出現於一社交媒體動態中的相同概念作品。你也許納悶為何時尚雜誌前面的版面廣告費用明顯較高,但是能和超模及高級時裝關聯起來,這多花的成本就值得了。雖然電視仍是傳統廣告的經典通路,但是大家都渴望見到他們的品牌出現在醒目的廣告牌上──名符其實地家喻戶曉。

　　最重要的是,記得保持聲譽和足夠謙遜;你能夠創造偶像,偶像也可能很快就隕落。想想看,如何使你的品牌變成偶像,這也是發揮創造力的一條途徑。但切記,請重視你創造出來的偶像,維持聲譽。

採取行動

你能夠如何借鏡偶像世界,以幫助解決工作上的問題?偶像能夠形成一個中心信念或象徵,變成團隊或組織的指路明燈。這可能是一個新春或新黎明,帶來新曙光、綠芽及改變。你可以參考善用經典偶像電影明星、舊時光象徵,或是極具代表性的文化活動盛會。

賦予目的感

甘迺迪總統在 1962 年參觀美國航太總署太空中心時，注意到一個手拿掃把的清潔工，他中斷參觀，走向那名清潔工說：「嗨，我是約翰・甘迺迪。你在這裡做什麼？」清潔工回答：「總統先生，我在幫助把人送上月球。」

你共事的所有人清楚他們在做什麼嗎？

你的職務說明，甚至是用來評量你的工作表現的關鍵績效指標，往往不是你的工作的真正目的。若美國航太總署的清潔人員的工作目的是把人送上月球，而非掃地，那麼你的工作以及你們組織的最終目的是什麼？若能確保每一個人了解組織的目的，就能釋放每一個人的創造力，為此目的作出貢獻。

若外燴團隊認為他們的工作只是遵從指示，盡可能用便宜的方式做事，那麼展現出來的創造力將遠低於若他們知道自己的工作目的是在預算內盡可能使顧客愉悅，慶祝用的百果餡餅或熱十字麵包也會更少。若設計團隊認為他們的工作目的是效率，你獲得的作品就會遠遜於他們知道你的真正目的之下的作品。

你的職務的目的相同於你執行出來的職能嗎？除非你是一個獨立的業務執行者，否則你執行的那些工作應該是一支有更大目的的團隊的一部分，你應該要很清楚那些更大目的是什麼，是為你任職的公司賺錢，抑或協助你的直屬主管，或是幫助你的客戶成長？若你銷售的

是床，你的目的是幫助人們獲得良好睡眠，還是使他們一早起來更有活力？若你是一名會計師，你的目的是使帳目平衡，抑或保障公司及其員工有可持續的未來？

《金融時報》在2023年2月刊登一篇有關於「重要性」（mattering）的文章，「mattering」顯然是從世界經濟論壇這崇高殿堂衍生出來的新管理行話，記者潔米瑪·凱利（Jemima Kelly）顯然對此概念很惱怒，她寫道：「照理說，『新的混合工作模式經濟下的管理祕訣』不是重視工作時數，不是確保員工獲得適當的工作與生活平衡，甚至也不是和員工維持經常的接觸。不，最重要的事情是『實踐與栽培』（delivering and cultivating），這是所謂的『重要性』，相信你對工作場所中的其他人是重要的。」

凱利說得很有道理：「想要讓人們覺得他們受到重視，方法就是確實重視他們。」不過，在工作上感受到重要性，不僅僅是感覺受到同事或上司的重視，還關乎你是否知道你所做的事攸關組織的總目的。

德勤顧問公司曾發佈一些新的調查發現，證實確保員工覺得他們所做之事攸關組織的目的相當重要。他們調查超過4,000名員工後發現，目的感對員工而言確實重要，但只有半數的受訪者認為他們的工作現實反映了組織的目的。事實上，47％的受訪者表示，他們因為目的感相關原因而離職；只有55％的受訪者認為他們的領導階層反映了組織的目的。很顯然，目的感能夠在留住和吸引人才方面帶來競爭優勢，所以你們組織應該設

法縮小德勤顧問公司所謂的「目的感落差」（purpose gap）。

英國最大的商業銀行之一巴克萊銀行（Barclays）要求員工成為顧客的「數位之鷹」（Digital Eagles），這始於2013年的一項草根計畫，後來變成其品牌的推銷廣告，以及重建顧客對此品牌的信賴的一根重要支柱。「數位之鷹」團隊起初只是12名有熱忱的員工組成的，後來壯大成數千人的團隊，致力於幫助缺乏數位技巧的顧客。這顯然對巴克萊銀行最有利，畢竟該銀行需要把顧客轉移至網路及行動應用程式介面，愈多顧客對數位技巧有信心，此策略成功的可能性就愈高。這項行動幫助減輕顧客的焦慮（根據調查，在英國，平均每五人當中有四人說因為擔心錢而失眠），也讓員工有目的感，提升他們的工作滿意度。這項行動後來延伸至居家關懷，幫助人們在疫情封鎖期間能夠透過數位管道，和心愛的人保持聯繫。時至今日，「數位之鷹」仍繼續幫助顧客，專門幫助他們辨識線上詐騙。這一切的努力建立了人們對於巴克萊這個品牌的信心，也賦予其員工目的感——平均每十名員工中有九人表示，他們的工作帶給他們目的感和成就感。

高效能團隊的每個成員知道他們的當即和最終目的。你的工作受到激賞，是很棒的事；知道你的工作具有重要性，更棒。

> **採取行動**
>
> 確保你和你們團隊清楚你們的活動的大目的，確保組織中的所有人了解組織的大目的，以及他們如何為此目的作出貢獻。藉由把整個團隊的精力釋放朝向最終目的，你們將能天天都獲得最佳、最富創意的點子。對一起共事的同事進行調查，溫和地詢問他們，他們認為他們的工作目的是什麼？若他們不是很清楚，你應該舉行講習會進行討論，讓他們一起釐清他們來這裡工作的真正目的。

隨機連結

當你真的卡住時，這是一種很有幫助的技巧。你迫切希望一些綠芽能夠成長，就像三月初時，遭受冬末的風雨吹打。**當你覺得自己真的卡住時，可以任意找個物件，隨機建立連結。**

我們初次學到這項技巧，是在 ?What If! 舉辦的訓練營。?What If! 專門為企業培訓創造力，現隸屬埃森哲管理顧問公司（Accenture）旗下。我們在 2000 年代初期結識他們，當時他們仍是一家獨立公司。該公司創立於 1992 年，幫助企業推動創新專案，他們的座右銘是：「表現得有創造力，你就會覺得有創造力。」

隨機連結技巧有兩個規則：

1. 隨機項目必須是真正隨機。若和你正在做的東西有任何的關連性，那就不管用。

2. 你必須一直做，直到找到一個關連性，不管這個關連性發生的可能性有多小。

接下來，我們就來看一個例子。

把手伸進口袋裡，很多人可以找到揉成一團的面紙，可能上次穿過這件衣服後，它就一直在口袋裡了。一張用過的面紙和一個事業問題之間，究竟有何關連性？

面紙革新了女性的生活。我們的母親既是管家，也是家庭照料者，清洗、熨燙先生的白色大手帕是她們每週的例行工作之一，在 1950 年代和 1960 年代初期，這是很尋常的事。男性攜帶白色手帕，用來擦拭額頭上的汗，或是提供給他們遇上的、需要手帕的女士。女性也會攜帶手帕，在需要時遞給彼此（手帕是她們白天的香氛蠟燭）。這些女性用的手帕也需要清洗和熨燙，但女性手帕比較小，也有刺繡。我們的經驗是，若你剛好在流鼻涕的話，你需要隨身攜帶一條夠地手帕以供必要時使用。攜帶手帕這件事是有性別歧視的，是那個年代普遍的態度。

自 1924 年起，就已經有面紙的存在了。1950 年代中期，舒潔（Kleenex）開始推出一則廣告，廣告中說：「別把感冒放在你的口袋裡⋯⋯用一次就丟掉，摧毀病菌。」當 1960 年代的革命性時尚趨勢意味著男性不再總是穿著有個手帕口袋的傳統西裝，攜帶手帕的日子就開始倒數計時了。到了 1980 年代，已經少有人攜帶手帕了。

這下，我們的媽咪們可高興了。一旦不再需要隨身

攜帶手帕了，誰還會想要清洗上頭滿是細菌的東西，還得花時間熨燙啊？不過，現在較年輕的世代熱中於永續，質疑一次性用品。儘管有疫情爆發，我們有無可能看到恢復使用手帕的趨勢呢？《連線》（*Wired*）雜誌編輯愛德莉安・索（Adrienne So）認為有這個可能，她寫道：「現在，永續是一大課題，若你已經用竹絲纖維擦巾取代廚房紙巾，那該是時候考慮使用手帕了。不過，除了實用性和永續性，手帕也帶給我面紙無法帶來的愉悅。」

我們以面紙作為隨機連結，可以想到至少四個與事業問題的可能關連性。

第一個隨機連結關連性：面紙免除了管家的一項例行工作。你和你們團隊能夠想出什麼點子，免除工作流程中一項不必要的例行工作嗎？這其中是否有如同熨燙一條讓男性放入口袋的方巾那樣乏味且不必要的部分？

第二個隨機連結關連性：現在較年輕的世代質疑一次性用品的道德性。你和你們團隊能夠想出更永續的管理流程方法嗎？是否有任何一次性用品，可被可重複使用的產品取代？

第三個隨機連結關連性：通常，男性攜帶大手帕，女性攜帶較小的手帕。你們的產品設計是一種規格、一體適用嗎？有沒有可能需要推出更特定的規格，針對性別、身高或體重？卡洛琳・克里亞朵・佩雷茲（Caroline Criado Perez）的著作《被隱形的女性》（*Invisible Women: Exposing Data Bias in a World Designed for Men*）指出，座椅安全帶之類的日常用品專門針對男性設計，這潛藏了

嚴重的危險性。反過來,能否用一種產品規格來服務所有人呢?目前是否存在浪費之處?或者,若你們的產品設計外觀和感覺,能夠針對更大的客群,是否會迎合更多的人?

第四個隨機連結關連性:用過的面紙儘管已經發揮過用途,而且被細菌汙染了,仍被塞進我們的口袋裡,未被丟棄。你能如何確保及時丟棄廢物?這對工作場所的效率及衛生有幫助嗎?我們把用過的面紙留在口袋裡,這實在很沒衛生,對我們完全無益——除了在此為我們提供一個隨機連結的例子。

> **採取行動**
>
> 如果你感覺自己卡住了,隨機選個物件,任何東西都行,找出它和你要解決的問題之間的關連性。找一支小團隊,隨機選個物件,把你們想到的關連性和點子都寫下來。

向前跳,變得更像狗狗

這到底是什麼意思?看到「變得更像狗狗」,你的第一反應是不是也變得更有創意,推想了各種可能的含義?動物行為何時變成我們可能的運作方式的背後概念之一了?雖然很多人在工作上有時可能覺得自己像天鵝——表面上看似平靜,水面下拚命努力,但是「向前跳,變得更像狗狗」,並不是一個常見的工作比喻。

只要稍微進一步探索這個概念，就會發現，我們其實可以從狗兒身上學到很多。狗狗天性好奇，總是想要探索。任何狗主人都會告訴你，每天遛狗時，不論牠們已經走過相同的街道、樹林或海灘多少次了，仍然充滿探索心與興奮。**變得更像狗狗，會不會使我們在看似尋常的工作方式或方法型態中，變得更有創意呢？**這有點像你開始一個新角色，雖然你可能也是在做相同的事，但現在是在另一個地方做事。在這個新地方，有什麼新的、甚至只是稍微有點不同於先前那個地方之處呢？抑或這個新地方和先前那個地方大有差異，讓你既能從中學習，又能學以致用推出新點子？「我們向來都這麼做」這句糟糕的話應該被視為一道警訊，你們難道不能作出哪怕是相當輕微的改變嗎？用相同的方式做事，這種傾向總是會變成習慣，而只知固守習慣並非發揮創造力的一個好基礎。

變得更像狗狗，也意味著渴望與熱切。在試圖發展新點子時，一個傾向是對點子進行壓力測試，把它拆解成幾個部分，鼓勵大家找出任何的缺點、錯誤或問題，這當然有幫助，但是要如何變得更像狗狗呢？

變得更像狗狗，意味的是放開心胸玩一下你的點子，思考若你想把它變大的話，它能變得多大。在以玩趣為主的模式下，居於舞台中央的是創造力，而非冷硬的邏輯思維。

那麼，又該如何達到這個狀態呢？

首先，讓你自己和你的同事進入一種狀態，彷彿你

們想改變的事情對你們而言是新事物。你們或許相當熟悉於你們即將探討與處理的事情，試試看尋找習慣或流程可能忽視的新元素。在一種方法或工作模式中，有沒有什麼是新的？總是相同的一批人一起工作嗎？他們總是做任務或方法中相同的那些層面嗎？何不讓他們互換角色？讓角色的新擔任者，寫下三項或更多項他們認為可以產生改變的新東西。不過，超過三項太多，就有可能稀釋新方法的創意了，你們可能會獲得一長串的任意點子，但不是團隊能夠創造與執行的最佳點子。三個點子可能有所作為，只有一個新奇的小點子或許不能。

> **採取行動**
>
> 拋開負面批評心態，主動擺脫倦怠感，對眼前的工作和團隊展現你全部的熱情。先別過度設想長期後果，現在先拋開懷疑心理，追求往前推進。你能夠從中獲得的最大樂趣是什麼？就像狗狗那樣，興奮地去追那顆球。

第 3 章 春季──如何徹底改變

不斷推進，直至突破

啟動革命

使用新人

誇大

勇敢

給予幼苗成長的時間

加倍注入可用資源

對潛意識作出提示

改變方向

建立偶像

賦予目的感

隨機連結

向前跳，變得更像狗狗

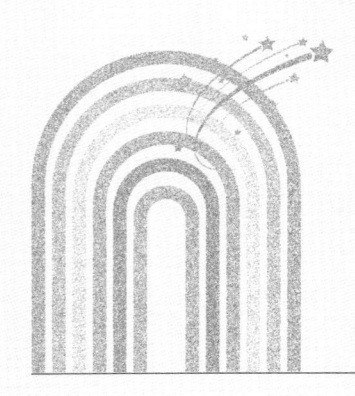

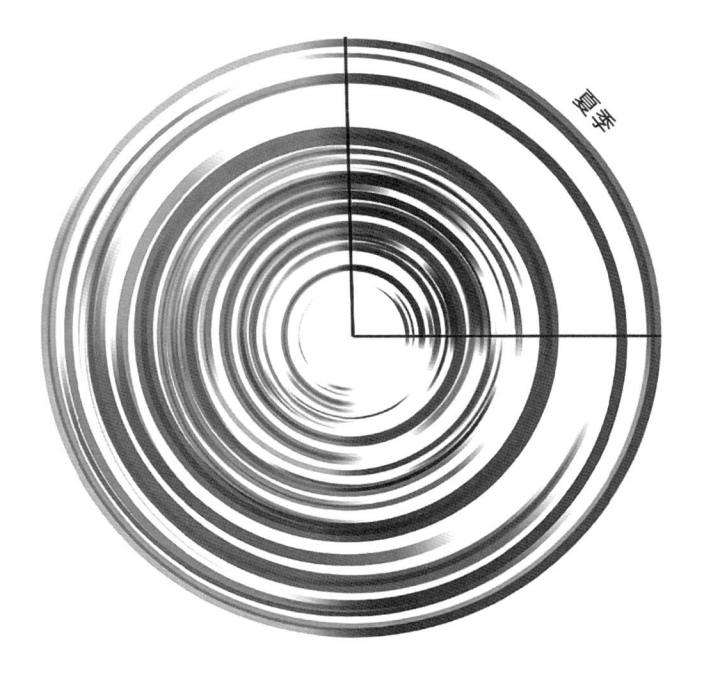

創意爆發的一年　A YEAR OF CREATIVITY

第4章
夏季——組織如何開花結果

夏季的創造力實務是面向基本，但也充滿趣味。

我們首先來看一家事業，它的命運因為營運暨行銷總監的一趟歐洲之旅而出現革命性變化。

霍華・蕭茲（Howard Schultz）在 1982 年辭去紐約一份薪酬優渥的工作，加入星巴克（Starbucks），當時的星巴克在西雅圖有五家店。1983 年，他出差義大利，在米蘭和維洛納體驗到義大利咖啡館的魅力，回到美國後，他決心複製獨特的義式濃縮咖啡館體驗，但沒能說服咖啡店業主。蕭茲返回美國時，滿懷點子——介於家和工作場所之間的放鬆第三地，供應優質咖啡，不需要你盡快喝完後離開。在義大利那些城市的咖啡館裡感受到的那種社群感——人際連結的時刻，令蕭茲深深著迷。但他無法說服他的上司，因此，他離職，他深信自己的直覺正確，儘管他無法說服當時的星巴克業主相信，改變他們相當成功的現行事業模式將能帶來成長。蕭茲決心實現他的願景，他重返義大利，造訪超過 500 家咖啡館。然後，他為自己的事業募集資金，接觸超過 240 位投資人，其中 217 個拒絕他的創業構想。情緒體

驗加上研究,使蕭茲有著無比的堅持與毅力,最終他募集到現金,開了自己的咖啡店 Il Giornale。1988 年,星巴克的原始經營層把他們的咖啡店賣給蕭茲,他把自己的咖啡館改名為星巴克,並展開擴張計畫,由此改變了人們生活、工作及社交的方式。

當然,我們全都知道後續的故事。我們在英國成長的那段期間,若你想喝點什麼,你有兩種選擇。有供應三明治、全套英式早餐(培根、蛋、黑臘腸與吐司)、即溶咖啡和濃奶茶的餐廳,它們並不是很熱情好客,絕對不會容許你在吃完餐點和飲品後,還繼續在餐廳裡盡情逗留。還有酒吧,若你想喝點什麼,並且逗留得久,你的唯一選擇是酒吧,但得在它們營業時間,而且要年滿十八歲。星巴克改變了大街,讓青少年有一個安全、好客的地方可以聚會與社交,為獨坐的女性提供一種全然不同的體驗——對於單獨的女性顧客,酒吧從來不是一個友善待客的地方,當年我們才二十出頭時,在酒吧點上非酒精飲品的人還會被嘲笑呢,而且酒吧也不供應咖啡或茶。餐廳和酒吧裡的座位是硬板桌和硬背椅。

蕭茲在其講述星巴克的故事的著作《STARBUCKS 咖啡王國傳奇》(*Pour Your Heart Into It: How Starbucks Built a Company One Cup at a Time*)的序言中寫道:「比他人認為的明智程度關注得更多;比他人認為的安全範圍冒更多的險;比他人認為的務實程度作更多的夢想;比他人認為的可能範圍期望得更多。」他說:「星巴克活生生地證明,一家公司能夠追尋心之所向,滋潤其靈

魂，但仍然賺錢。」你覺得這聽起來浪漫嗎？確實。

對於星巴克，人們的反應兩極化。有些人討厭全球星巴克店鋪的齊一化，非常美式的體驗，也討厭它的行銷，視之為花招。不過，不論你的反應如何，不容否認星巴克的成功，以及它改變了人們花用其可支配所得和可支配時間的方式。當星巴克最初在自家定位為「第三地」的咖啡館中設置沙發時，人們甚感驚訝。但現在，你可以在家裡及辦公室以外的「第三地」逗留、撰寫你的小說或工作，這個概念已被視為理所當然。咖啡師詢問你的名字，輸入在你的訂單上，這種人際互動至今仍然討喜，儘管有時變成幽默主題，仍然令人感到親切。想到這一切源於一個男人的願景、他的固執信念，以及他的夏季義大利之旅，這個故事很激勵人心。蕭茲說：

> **在我們的人生當中，總會有那樣的時刻——我們鼓起勇氣，違逆理智、常識以及我們信賴之人的明智意見。儘管有種種的風險及理性論點，我們依然勇往直前，相信自己選擇的道路是正確的、最佳的。我們拒當旁觀者，縱使不確定我們的行動將會把我們帶往何處⋯⋯。相信正確之事的信念，將使我們躍過重重障礙。**

在工作上，有時應該遵循規則，保持於準則之內，填寫表格，勾選正確項目，不逾越規範，維持最大效率優先於躍入未知領域。

但有時候，應該追隨你的夢想，根據你的直覺行事，躍入未知和無法解釋的領域。本章分享的 13 種創意技

巧,將能幫助你向前推進。

放縱你的直覺

拜諾貝爾經濟學獎得主丹尼爾・康納曼（Daniel Kahneman）之賜,現在有很多探討直覺的科學。康納曼贏得諾貝爾獎的主要研究論述是他稱為「系統1」思考（system 1 thinking）和「系統2」思考（system 2 thinking）：系統2是你的有意識的大腦,你根據證據,作出理性決策；系統1則佔了絕大多數的潛意識決策（康納曼說,近乎所有決策都是這種）,這些決策憑藉的是你的直覺、你的情緒、你深植的偏見與成見。

康納曼的全球暢銷書《快思慢想》（Thinking Fast and Slow）闡釋了這些概念,並對基於「人類為理性動物」的經濟學概念提出質疑,他主張經濟學其實應該改以「靜默的直覺」為基礎。

我們曾在一場研討會上聽到康納曼這麼說：「人們以為他們在白宮橢圓形辦公室（Oval Office,亦即邏輯的、深思熟慮的）工作,其實他們在白宮的新聞辦公室（Press Office,對情緒作出反應）工作。」康納曼明確指出,我們以為我們在理性基礎上作出決策；但事實上,我們通常不是這樣作決策,而是憑藉人類歷經數千年進化出來的強大直覺來作決策。

麥爾坎・葛拉威爾（Malcolm Gladwell）在其著作《決斷2秒間》（Blink: The Power of Thinking Without Thinking）

中指出，我們的大腦有一個強大的後台流程，以潛意識運行其意志：「透過這個流程，我們能夠過濾巨量資訊，混合資料，分離出有效用的細節，極快速地得出結論，甚至在看到事物的頭兩秒內就做完這些。」

若你曾經尋找新住家，你大概有過這樣的體驗。不論選擇承租或購買一間房子的理性原因為何，你其實在走進門的頭 30 秒就已經作出決定了。《決斷 2 秒間》講述了心理學家約翰・高曼（John Gottman）的故事，他從 1980 年代起在他位於華盛頓大學附近的一個名為「愛的實驗室」的小房間裡，對超過 3,000 對夫婦進行研究，他把每對夫婦在這個小房間裡的交談情形錄影下來。事後觀看一對夫婦的交談錄影帶一小時，高曼就能以高達 95% 的正確率預測這對夫婦在 15 年後是否仍為夫婦（亦即沒有離婚）；若他只觀看錄影帶 15 分鐘，他的預測正確率約為 90%。他的實驗室的科學家們，通常只需要觀看新婚夫婦交談三分鐘，就能預測這段婚姻能否持久。葛拉威爾稱這種能力為「薄片擷取」（thin-slicing）——根據極少經驗找出型態；他說，我們全都一直在這麼做。

有關於直覺的理論，並非源於康納曼或葛拉威爾。西元前 370 年左右，古希臘哲學家柏拉圖形容人性猶如車夫駕馭雙馬車，一匹馬頑劣，另一匹馴良。

著成於西元前 5 世紀至西元前 1 世紀間的《卡達奧義書》（*Katha Upanishad*）寫道：「我們應該要知道自己是馬車的主人，身體是馬車本身，識別力是車夫，心智是韁繩。說出明智之言的理智是馬匹，私欲是牠們行

走的路。」

所以,大家都認同,我們全都某種程度地以深層的直覺行事。問題是:在你們組織自豪於根據資料作出理性決策之下,你該如何在事業中運用直覺?

樸茨茅斯大學校長凱倫・布萊克特在 2019 年的校長晚餐上詢問她的三位受訪者:憑藉直覺抑或演算法?

黑人原創音樂組織(Music of Black Origin Organisation, MOBO)創辦人坎雅・金(Kanya King)說:直覺。剛結束為英國慈善活動「喜劇救濟」(Comic Relief)募款行程的英國演員連尼・亨利爵士(Sir Lenny Henry)也說:直覺。但是,科技創業家湯姆・艾勒比(Tom Ilube)選擇演算法(憑直覺你大概也能猜到)。

我們每次進入車裡,一個相同的問題便會浮現腦海:應該打開「位智」(Waze)導航應用程式嗎?應該使用我們的直覺嗎?想當然耳,位智的演算法一定知道得比我們多,且看它證明本領……,直到,出現一個意料之外的封路,所有人都卡在位智引領我們進入的車陣裡。

在那次的晚餐中,連尼・亨利談到克里斯・塔倫特(Chris Tarrant)帶給他的重大突破。連尼剛加入英國兒童電視節目《週六歡樂頌》(Tiswas)擔任主持人時,有一天,塔倫特找他共進午餐。塔倫特告訴他,他沒能很好地從單口秀喜劇演員身份轉換為主持人,恐怕很快就會被節目換下。塔倫特建議連尼作出轉變,嘗試不同的方法。連尼聽從他的建議,很快就成為一個明星。席間,凱倫問他,他認為塔倫特為何會費心找他提出建

議?連尼說:「他看出了我的潛力。」儘管連尼表現不佳,塔倫特仍然看出了什麼,而且相信自己的直覺。別相信任何演算法能夠辨識出這種潛力,以及除了帶來歡笑,他還能發展出另一番事業,為「喜劇救濟」慈善活動募款超過 10 億英鎊。

把一個黑盒子丟進技術堆疊裡,固然能把很多的重活予以自動化,仍然需要人類干預,以指引演算法所做的事,並且擴充它們的產出。把責任交給一個不透明的黑盒子去作出所有決策,那就太短視了,因為演算法只不過是流程的一部分,演算法無法定義要評估什麼資料、該如何使用資料,以及如何解讀結果,以校準於商業目標。

「我的最佳決策全是用我的心、直覺以及品味作出的」,這句話出自運用資料徹底改變其事業的亞馬遜公司創辦人貝佐斯(Jeff Bezos)。**使用資料,但信賴你的心。**

採取行動

檢視資料,聆聽邏輯,詢問 ChatGPT 之類的生成式 AI 網站,取得這些 AI 工具的邏輯性回答,但是信賴你的心和你的直覺。

用不同語言重新表達

　　工作場所中的挫折感之一是覺得沒人傾聽你說的話,或者他們聽見了,但是他們的作為並不是你真正想要他們做的事。也許,他們有聽、但沒懂,你以為你說得清楚明白,但是他們接下來做的,在你看來是在錯誤的時間以錯誤的順序做錯誤的事。

　　先不論實際情形如何,這是一個必須處理的問題,尤其是若我們想創造一種新的氣象感的話。如果你是一項專案的領導人,切記,或許你已經沉浸於新產品發展的課題多星期了,但是你的創意思考者破解團隊可能沒有,因此當你開始談論這些課題時,他們聽到的是一堆障礙,而非機會。

　　若你開頭時就這麼說:「這是一項非常重要的任務,若我們不能破解的話,公司會有危險」,一些團隊成員可能覺得這是在鋌而走險,有些人可能認為,若想繼續付得起下個月的房租的話,應該開始尋求別的職務了。這會使他們承受巨大壓力,而過大的壓力不利於創造力的發揮。改變你的語言,以設立有益的溝通背景:強調這是改變公司前景的機會,不是避免公司湮沒攸關生死的腦力激盪。

　　解釋「為何」也很重要。為何你們要做這個?為何要挑選這些人?這是一個肯定團隊個別成員才能的大好機會。在《哈佛商業評論》(*Harvard Business Review*)刊登的文章〈好員工失去幹勁的四個原因〉("4 Reasons

Good Employees Lose Their Motivation"）中，學者理查・克拉克（Richard E. Clark）和布洛爾・薩克斯柏格（Bror Saxberg）指出，員工失去幹勁的原因之一是價值觀不一致。價值觀不一致發生在當同仁不能共鳴於一項任務或工作的價值，因此覺得不願意做這件事。這跟工作的創造力部分尤其相關，因為他們可能沒有看出創造力部分對於他們的職務角色的重要性。我們曾經討論過為何人們不認為他們富有創造力，那些侷限的認知可能妨礙到他們的工作。你使用的語言應該展現出你了解那些疑慮，以及你相信並肯定他們所做之事將有所貢獻。

改變你使用的語言時，請務必對背景的設立和眼前的工作注入熱情。「我對於和大家共事這個機會感到興奮」，遠優於「董事會要求我組建這支團隊」。

使用不同的語言來重新表達，也能幫助以不同的方式——以看起來充滿可能性的方式——架構你們要應付的任務或工作。影片分享平台上的創作者不大可能認為他們的社會角色是促使全球著迷於貓咪影片，但這是一個更大的情境中的副產品。

想想看，是否值得以不同的方式來思考你們的任務，並且用這種不同的思考方式來重新表達？

「我們試圖把這打造成更好的消費者體驗，使他們在工作之外有更多時間享受生活」，這種表達方式或許更能夠激勵人們，勝過只是告訴他們花六週時間思考一種工作行事曆工具以減少重複輸入某些資訊的必要性。

另一種值得考慮的表達方式是，用你們的終端顧客

的語言來表達課題。沒有人認真討論過優化顧客關係管理資料庫,以確實地把你們和顧客的通訊個人化,但是真的有不少顧客收到搞不清楚他們是誰的電子郵件而感到惱怒。可以問問自己,你是否認知到你們的一些顧客可能不具母親身份,這是一種比較優雅的方式,可以事先主動排除不符合條件的人免於垃圾郵件?**使用正確的語言,溝通才可能順暢。成功改變原先溝通不良的語言,積極促進溝通和對話,各種見解和創意才能陸續湧現。**

> **採取行動**
>
> 用不同的語詞和構句重新表達,在你的創意挑戰中替換關鍵詞,可以有效幫助你的團隊用不同方式思考。若你們面臨的挑戰是留住客戶,可以考慮使用「婚姻諮詢」或「恢復深度信賴」之類的比喻。或者,你可以從不同角度來重新表達,例如,不問:「我們該如何留住客戶?」,改問:「客戶為什麼會對我們忠誠?」。

更像海盜

行銷顧問亞當‧摩根(Adam Morgan)撰寫的《內部海盜》(The Pirate Inside: Building a Challenger Brand Culture Within Yourself and Your Organization)是一本探討這個主題的佳作。

亞當‧摩根針對企業如何挑戰更大、更悠久的對手

提供顧問服務。他之所以撰寫這本書，是因為他發現想出差異化及挑戰的點子是一碼事，在傾向維持現狀的組織中實行這些點子又是另一碼事。

為何要當海盜？摩根指出，海軍遵循規則，海盜打破規則。在唯有持續變革才有保障的世界，你必須搶在挑戰者之前，主動打破規則，取得優勢。

這聽起來很棒，但究竟該如何運用這些技巧呢？首先，在任何境況下，先搞清楚海軍是誰，以及海軍相信什麼。若你們組織中有牢固的層級制度，何不成立一個Z世代委員會？讓他們從他們的草根地位提出點子。（Z世代是1996年至2010年間出生的人，他們在成長中歷經氣候危機、新冠肺炎疫情、經濟衰退、性別流動，他們的生活有很大部分在社交媒體上。）我們在前著《歸屬感》中提到，我們發現25歲以下的人，對工作有著明顯不同的態度。我們為撰寫該書所做的研究（由Dynata研究調查公司在2020年2月和2021年8月進行的調查）顯示，傳統工作場所常態的許多層面不被較年輕者接受，例如戲弄的行為。整體受訪者平均每三人中有一人對戲弄行為感到不舒服，但25歲以下的受訪者中有半數討厭工作場所中的戲弄行為。整體受訪者平均每三人中有一人表示在工作中目睹或經歷過偏見、騷擾或不當行為，25歲以下的受訪者中有半數表示有過這種經驗。當然，騷擾應該是任何人都不能接受的行為，但或許職場上多數年紀較長的人能夠忍受不當行為，只是因為他們在整個職涯中被迫忍受這些行為，反觀Z世代則否。

Z世代在許多其他層面，也有不同的價值觀——這是受到2020年代初期空前事件的影響。若你們組織中有這個年齡群的員工，不妨成立一個Z世代委員會，讓他們接觸高階管理層，他們能夠提供有關於組織文化的反饋意見，你可以詢問他們哪些思想或概念影響他們。這是反海軍、變得更像海盜的一種干預手法。

關於真實世界的海盜，「海盜條款」（Pirate Articles）是很重要的一環。在海盜黃金時代，出海是高風險的活動，人們離家，歸期不定，從事的活動極其危險。「海盜條款」是他們對冒險活動的一套共同協定，包括直到收穫報酬前，不能有人背棄他們的事業；大家分享所有收穫；所有爭議都暫時擱置，返回陸地後才處理。你能夠為共事的團隊制定一套類似這樣的海盜規章嗎？可以的話，這麼做將產生兩個好結果。其一，所有人了解大家是一支團隊，可以對接下來的行事有不同觀點，但必須說出和化解歧見；其二，人人信守於彼此及共同的成功與勝利，直到成功前，船不會返回港口。

關於海盜的另一個重點是：船員的多元性。在羅伯·路易斯·史蒂文生（Robert Louis Stevenson）的著作《金銀島》（*Treasure Island*）中，約翰·西爾弗（Long John Silver）是最著名的海盜之一，他只有一條腿——《彼得潘》（*Peter Pan*）中的虎克船長則是少了一隻手臂。但是，斷腿缺臂並未妨礙到他們對船員發號施令或古怪有趣。在障礙人士司掌組織仍是很不尋常的年代，海盜證明，時至今日，企業仍然不願把領導權交到這類人手上是既不

公平又排斥的行為。那個年代,女性海盜很多,她們在船上和男性並肩作戰。安妮・邦尼(Anne Bonny)和瑪麗・里德(Mary Read)是棉布傑克(Calico Jack)的船員,據說她們的戰鬥技巧更勝船上的任何一個男人。十六世紀的愛爾蘭女傑葛蕾絲・奧馬利(Grace O'Malley)從11歲起就以海盜為業,被視為海上的勇猛領袖,後來成為精明的政治人物,曾成功懇求英格蘭女王伊莉莎白一世釋放她被俘虜的家屬。據說,她曾在生完小孩後不到一小時,就擊敗一位伏擊者。

你們團隊的組成分子如何?全都看起來相似,也出身相似背景嗎?致力於變得更像海盜,有一群出色的格格不入者,富有想像力地在規範和現狀框外思考。

> **採取行動**
>
> 致力於變得更像海盜。從團隊信諾於一個理想做起,擺脫任何的層級制度,確保你的圈子充滿了多元化的異色人才。

感到無聊

我們不確定這是否對你管用,但是來一趟沒有事先規劃的放鬆旅行,可能很有助益。你將以精力充沛、放鬆的狀態返回工作崗位,而且往往對工作有一些新想法。重點是,要記得你在大快朵頤美味的蛤蜊義大利麵

之前想到的出色洞察,喔!還有,千萬別忘了你的護照⋯⋯。

我們全都記得那漫長的夏日午後,很容易呆坐著,啥都不做。在這種時刻,你讓創造力不事生產,這聽起來相反於本書的宗旨,但實際上可能是一種很棒的戰術。當我們尋求靈感或新思維時,往往很容易變得急於尋求答案,由於太急切求得一個答案,有時是任何答案,以至於我們強力推進流程,接受任何看似可能的結果。這不是創造力,這是在尋找看似能夠解決問題的最小公分母。若創造力那麼容易的話,那我們全都時時富有創造力,你也不會閱讀這本書了。

懶散,甚或瀕臨感到無聊、厭倦,會鼓勵你的潛意識讓問題在你的心智中起泡泡。藉由讓你的有意識的頭腦走出迴路(儘管它一直都開啟著),你在尋找一條路徑,讓你的心智對你面臨的問題的各種元素之間作出非線性關連。很有趣的是,有時候,日常活動——例如一段較長時間的泡澡或淋浴——能提供你讓思想擴展的機會。據說,贏得奧斯卡獎、英國電影學院獎,以及多座金球獎和艾美獎、著名作品包括電視影集《白宮風雲》(*The West Wing*)的編劇艾倫・索金(Aaron Sorkin)碰上棘手的劇本情節時,總是靠著一段較長時間的淋浴來獲得解決靈感。為了激發他的創意,他的辦公室旁邊設置了一個淋浴間,好讓他在需要時,能夠立即站到嘩啦啦的水聲下,激發創意。清洗與創意,多美妙的一個組合!

我們不是建議你在工作場所也安裝個淋浴間，但是**想想看，有什麼法子能使你們在感到無聊停滯時能夠換個方式迂迴地產生解方？**試試找個跟你們面臨的問題不相鄰接的體驗，但是能為你們提供知識，幫助開啟解方。舉例來說，一般人想得到一級方程式賽車和手術有什麼共通之處嗎？很有趣的是，有人把這兩者結合起來，找到了更好的工作方式：透過應用模擬技術、資料管理和一級方程式賽車的預測分析後，上百名外科醫生獲得改善手術技巧的反饋意見。放置在外科醫生手臂上的感測器經由藍牙傳輸資訊，產生他們的操作方式的資料流，提供充分的技巧和改善方式的反饋意見。一級方程式賽車和手術這兩者之間並無自然關連性，但是把知識和經驗過濾後，就可能得出意想不到的關連性。在進行一級方程式賽車時，有特殊工具用來計算是否應在加油換胎站暫停，還是再繼續跑個幾圈後才換胎，應用這些工具來改善手術技巧，似乎不是一種自然就連結得到的方式，但實驗證明確實具有顯著效果。這其中涉及了一項重要因素：這些是不帶情緒或偏見的反饋意見，直接分析當事者在工作時收集到的資料，沒有人為的過濾。我們通常害怕被告知表現不佳或提出的意見不佳，但是在此例中，焦點是改進，不帶任何情緒地提供反饋意見和改進建議。

藉由擁抱一些比較不那麼強迫性或強制性的方法，我們給予自己思考的空間。也可以乾脆什麼都不想，讓點子自行發展與增強。讓你自己和團隊覺得有發展空

間，就是容許各種創意發想，設法尋求解方。

如果不一起出去渡假，該如何在日常的工作場所中帶入那種有點無聊的鬆弛感呢？一些組織鼓勵團隊企劃尋寶活動，以發展團隊合作，鼓勵解決問題。若你們組織也採用這種方法，記得別讓出題者是唯一知道答案的人，因為你們的目的是發展團隊合作及思考，不是在進行冷僻知識競賽。此外，在進行這類活動時，不要有任何強迫之舉，鼓勵同仁隨意走動交談，體驗新的工作方式。

> **採取行動**
>
> 規劃一些休息時間，讓大家能夠整理、思考，或是讓團隊能夠暫時放下問題，輕鬆一下。團隊往往在外出活動日末了時，才進行凝聚團隊的活動，建議一開始就可以先進行一些小節目，營造啟發靈感的環境。

順從你的最糟本能

這究竟是什麼意思呢？

詩人暨運動人士羅伯特・布萊（Robert Bly）說，我們一生都拖著一個長長的行囊（這是一種比喻），從我們的父母或照顧者初次告訴我們：「你就不能安安靜靜地坐著嗎？」或是「你打弟弟不對」的那一刻起，我們就承接父母對我們不贊同的部分，並且把它們裝進那

行囊裡。然後，我們去上學，在學校裡，我們聽到：「好孩子不會因為這種小事生氣」，於是我們忍住憤怒，把它裝進那個行囊裡。那個行囊裡裝滿了我們的最糟本能，伴隨年紀增長，我們往往把自發反應壓下，裝進那個行囊裡。布萊警告，我們對行囊裝入愈多，就愈可能爆炸。

觀察幼童的本能，可以看出一個很清楚的主旋。北倫敦郊區費里恩巴內（Friern Barnet）的童軍營房也被用來作為一個武術場和幼童托兒所，那裡有一個標牌，標題是：「幼童的規則」，下面列出了 10 條規則：

1. 若我喜歡，它就是我的。
2. 若它在我手上，它就是我的。
3. 若我能從你那裡拿走，它就是我的。
4. 若我稍早前拿著它，它就是我的。
5. 若它是我的，就絕對不可以是你的，怎樣都不可以。
6. 若我正在做什麼或建造什麼，所有組件都是我的。
7. 若它看起來像是我的，它就是我的。
8. 若我先看到它，它就是我的。
9. 若你正在玩一個東西，你把它放下了，它就自動變成我的。
10. 若它壞了，它就是你的。

因此，最糟本能一是：把它變成你的。

你可能壓抑了這個本能；事實上，若你是團隊成員，你一定壓抑了這個本能。然而，創造力的技巧，有

賴於你恢復這種主張所有權的本能,甚至到達「偷」的程度——別忘了那句通常被指出自畢卡索的格言:「優秀的藝術家善於模仿,傑出的藝術家善於偷竊。」

若你在工作上陷入需要創意解方的問題,你能否借用別人的創意解方,應用到你面對的問題上呢?這其實是一種很常見的企業實務。超市以自有品牌複製知名品牌的產品,以較低價格販售。當科技公司遭到新創公司挑戰時,它們的第一本能反應是收購那間新創公司(例如 Meta 收購 WhatsApp),或是嘗試複製新創公司的創意。市場上的開創者往往會引領出許多成功的仿效者,星巴克是第一家提供沙發、繼而提供免費 Wi-Fi 的連鎖咖啡館品牌,如今世界各地城鎮的許多主街和購物中心都有類似的咖啡館。

順從幼童的本能,向周遭尋找最佳的可能答案,把它變成你的。

最糟本能二是:惰性。

也許,你已經精疲力盡,無力再搞下去了。也許,你現在覺得創意工作實在太傷神費力了,本書介紹的技巧你才讀了半數不到,但你已經沒有充沛精力了。

沒關係,就順從這個本能,什麼都不做,等待吧。

法學與金融學教授法蘭克・帕特諾伊(Frank Partnoy)的著作《等待的技術》(Wait)讚揚有益的延遲藝術,解釋為何我們喜歡作出急快的決策,以及如何改正這種行為,最重要的是,用長期觀點來檢視情況。行為經濟學家對此有一種計算方式:折現率(discount rate）是我們準備為等待支付的代價。你可能聽過這個知名的實驗：讓幼童選擇現在獲得一顆棉花糖，或是幾分鐘後獲得兩顆棉花糖。實驗顯示，那些能夠忍受等待的幼童，長期前景較佳的可能性較大。不過，折現率會隨著時間改變，例如，若你的上司讓你選擇今天獲得 50 英鎊，或一個月後獲得 100 英鎊，你會選擇哪個？基於種種理性及情緒性原因，許多人會選擇今天就獲得 50 英鎊。但若你的上司讓你選擇一年後獲得 50 英鎊，或 13 個月後獲得 100 英鎊，你會選擇哪個？我猜你會選擇等待 100 英鎊。等待的時間相同，都是一個月的延遲，但在一年的展望下，更多人會選擇等待一個月。

試試看有意識延遲行動，當你這麼做時，你的潛意識可能會找到新的創意解方。

> **採取行動**
>
> 在這種境況下，你的最糟本能是什麼？一會兒，一會兒就好，順從它，看看會發生什麼。

你不做什麼？為什麼？

多數人熟悉「自限性信念」（self-limiting beliefs）這個概念，你不知道這些自我限制的看法源自何處，但它們對你的作為施加了很強大的心理約束。它們阻止你把自己推入有風險的領域，它們在你的腦海裡嘮叨，你

無法讓它們閉嘴。由形形色色的人組成的公司，也可能形成自限性信念，界定了未來的發展。你是否認為你們組織有一種心態縮限了你們的潛力？這種心態源自何處？是顯性抑或隱性心態？是文化、組織，抑或管理階層的態度導致？最重要的是，你們可以如何改變，讓自己變得更好？

當然，有可能是其他因素左右你所做的事。你可能在評估你的供應商名單，因為你想要變得更永續。你可能想支持弱勢團體擁有的企業，作為你們組織包容與歸屬計畫的一個重要部分。所有這類決策，是公司朝向一個長期且道德導向立場更廣大行動的一部分。

但是，有時候，你的行動可能被另一系列因素左右。歷史可能是這其中的因素之一，例如：你們公司之前曾經試圖在一特定領域做新的事，但是沒有成功，因此你們再也不嘗試了。或者，你們團隊沒有設想到你們的顧客群或是團隊的能力已經改變。

有可能你們是一個比較小的的挑戰者品牌，自認為將永遠無法擊敗更強大的競爭者，因此只追求漸進式的改變。

或者，你們的公司文化不使用失敗作為學習途徑，所以做的全都是安全的計畫、有可預測的結果。雖然你們認為公司的計畫不會失敗，但是從外部觀點來看，這其中顯然有將會失敗的計畫。

所以，你不做什麼？為什麼？

你願意為促進一項新產品的發展而自我蠶食一項既

有產品嗎？

你願意丟棄一個長期抱持的見解或概念嗎？

你願意拆解既有的組織結構，以幫助發展新的工作模式嗎？

你願意冒險以變得更有創造力、更富創意，或是為了團隊凝聚或建立工作流程？

你們準備採行全新的工作模式，並且勇往直前，沒有退路、全心全意投入，直至獲得結果？抑或你們的展望總是緩慢而沉穩？

在提出任何構想前，你必須思考這些問題，因為當你觸及那些棘手情況時，可能難以撤回。

你也需要為你的變革過程制定基本規則。全程都是同一支團隊嗎？抑或你將採行輪換制？若採行輪換制，團隊成員的輪換將取決於需要、貢獻或能力。若有必要的話，你可以、也必須把輪換制應用到領導階層。莎拉或許擅長訂定目標、富有創意，但是在進入執行部分時，可能需要珍妮。你願意這麼做嗎？你能向所有參與夥伴作出解釋嗎？你需要所有參與者的理解與接受。

你的目標訂定和計畫，必須認知且尊重你們的界限，你也必須願意解釋何以會存在那些界限。在你說明何以存在這些界限時，設法把它們定義成機會、而非限制。所以，你會做什麼、怎麼做，誰跟你一起做？

> **採取行動**
>
> 來做一項練習：列出限制——那些你真的不會去做的事。找出界限，然後挑戰它們。為何這些會是你的界限？因為是過時的思維、傳統智慧之見或一般常識嗎？打破它們或許是打破模式和取得優勢的一個機會。

什麼都不做

什麼都不做的後果是什麼？

我們生活在一個總是開機、全速運轉、似乎從不停歇的世界，詢問人們過得如何，他們幾乎總是說：「忙！」，無奈地聳聳肩，皮笑肉不笑。我們不斷地工作，用待辦事項清單和接下來的行動計畫來填補我們的每一天，彷彿在向自己和他人證明自己有多重要。

都柏林大學哲學教授布萊恩・歐康納（Brian O'Connor）在其著作《無所事事》（*Idleness: A Philosophical Essay*）中指出，超忙碌會抑制我們本身及我們的產出。在你的生活中安排什麼都不做的時段，帶來的深層滿足感具有身心益處。在什麼都不做的狀態下，你的血壓降低，你的骨骼肌復甦，你的專注力提升，只要什麼都不做，就能夠達到這些效益。但是，我們的社會似乎覺得無所事事相當怪異，我們不大知道該如何應付。舉例而言，維吉尼亞大學進行一項研究，徵募數百名大學生及

社區人士參與一個「思考期」實驗。這些實驗參與者被置於一個裝備極少的房間，不能攜帶電話，甚至沒有紙和筆，被要求只是待在這個房間裡思考，完全沒有分心的事物。實驗分成兩種測試，時間介於 6 至 15 分鐘，實驗對象要不就是任意思考，要不就是被提示去思考一個主題，例如他們的下一個假期怎麼過，或是他們感興趣的一種運動。結果，50％的參與者一點都不喜歡這項實驗，於是實驗地點改為他們的家裡，看看能否改善結果。可惜，結果並未改善──我們似乎不喜歡和我們的思想獨處。當這群大學生被請求再次參與實驗──這次的地點在實驗室，一個更令人驚訝的事情發生了：參與者中，67％的男性和 25％的女性寧願選擇接受電擊，也不願意再獨自思考。

為何我們如此不自在於和我們的思想獨處？可能是因為沒有處理我們的待辦事項清單，或是沒有明顯活躍於我們的職務角色而感到愧疚，抑或我們可能只是擔心自己的心思不知會飄向何處，不知道要如何應付這種失控感。你是否認識不少這樣的人：他們放棄每天做 10 分鐘的正念練習，只因為他們對花這 10 分鐘感到愧疚不安，或是因為他們在這 10 分鐘內的正念專注做得不足，因而感到有壓力？

什麼都不做，能做到什麼嗎？有證據顯示，什麼都不做，確實能做到一些事。當我們無所事事地坐著，沒有不停地做認知投入時，我們的心智進入預設模式網路（default mode network, DMN）。有時候，在交談中，

我們走神,必須有意識地把心思拉回來聆聽,那走神時刻,我們就是進入了 DMN。**在 DMN 中,我們的心智漫遊,以新方式把心智中的點和短線連結起來;我們重設我們正在思考的東西,在關連性和創造力方面作出躍進。**

在公司層級,什麼都不做的另一個層面是,你目前可能不需要做任何事。有可能是暫時隨波逐流一陣子,將讓一個你無法強迫的新機會自然開啟。有可能是專注於公司目前的境況,不設定一條路或一項計畫。這是進入公司的 DMN,以使你帶著新概念、創意或產品返回。**團體的忙碌心智可能最好暫停一下,組織的也是一樣。**

採取行動

不要採取行動,什麼都不做。看看什麼都不做的話,結果如何。也許,無所事事一段時間後,新點子會油然而生。

使用一個舊點子

現在的通訊與傳播全都是數位的,對吧?五十年前,我們必須去圖書館研究東西,現在只需要在智慧型手機上搜尋就可以。生成式 AI 和大型語言模型的崛起,以本書兩位作者在 1980 年代讀大學時無法想像的方式改變了研究工作。

如今，撰寫一封手寫信是迷人的落伍之事，但選擇以電子郵件作為通訊方式又涉及了碳足跡的成本。然而，有個舊點子已被證實在商業上非常成功：不請自來的紙本 DM 行銷重現效果，尤其是不清楚網際網路問世前的世界的數位原生代，特別歡迎紙本 DM 行銷。根據最近的一項調查報告，在所有的受訪者中，15-24 歲年齡層最有可能相信 DM 行銷。對於那些習慣於數位互動的人來說，實體形式的邀請購買既新奇又有效，而且從碳足跡的角度來看，以正確方式傳遞適切訊息也可能勝過數位轟炸。

回收利用舊點子有很多可取之處。每一個有經驗的創意人，都有一張以往未能進入銷售流程及未被採用的點子清單。產生新點子得投入巨量的心力，因此值得把那些未能通過的點子記錄下來，看看以後在新環境的背景之下，是否能夠派得上用場。不過，這當然不是指硬塞入一個不合適的點子，不是把玻璃鞋硬套在繼姐的腳上，而是把以往被擱置的點子拿來重新檢視，看看能否加以琢磨，重新應用於新客群或技術平台。

很多人談論變化速度，但是最根本的並沒有改變——人還是相同的人，人性沒有改變。 唯有當我們對專業目標客群（以及團隊隊友彼此間）有確實的洞察，才能產生優異的成果。

五百年前，一般人一整年可能看到的資訊與資料量，大概是現今瀏覽社交媒體 60 分鐘看到的資訊量。但是，在這五百年間，人腦並未顯著進化，所以我們忘

記和忽視看到的絕大部分資訊,只記住一小部分引起我們關注或感興趣的資訊。

在現今的溝通中,快速理出頭緒的技巧比以往更為重要。**一個能夠攪動我們的情緒、觸發我們的記憶的舊點子,或許是一個不錯的起始點。**就像好萊塢近年不斷重拍電影,或是翻唱一首舊的暢銷單曲仍然可能在全球爆紅,持續參照以往的成功之作和功虧一簣,你的庫存中也許有一個出色的點子非常合用於你的下一個創意機會。

採取行動

有沒有可能一個舊點子能應用於你目前面臨的問題?人性並無太大的改變,因此以往管用、但已經變得老式的東西,也許現在剛好也合用。尋找你們產業中最富經驗的人,訪談他們,請他們聊聊舊的方法與技巧,看看是否有值得再度運用的東西。記錄保存那些差一點就能發生、但最終未能實現的點子,或是你嘗試過、但現在時空環境已經改變而可以再次嘗試的點子。

違逆你的較佳判斷

樸茨茅斯管弦樂團(Portsmouth Sinfonia)由一群學生創立於 1970 年,向所有人開放,最終招收的團員要麼就是非任何一種樂器的專長者,要麼就是雖為音樂

人,但選擇演奏一種自己並不熟悉的樂器。這個管弦樂團「變得出名」(因為演奏樂音不和諧),那十年間還錄製了幾張唱片。樂團的出發點並非刻意想要演奏得很糟糕,而是想要熱情、投入地玩一種樂器。樂團明訂的規則是所有團員都必須出現排練,並且盡最大努力演奏好樂器。雖然這個樂團的組織、運作和表演成果,違逆了一切正常樂團的法則,但那又何妨,你何不學學它的做法,把最佳人才集合起來,但是讓他們改變角色?或者,試試看要求你的團隊作出一次這樣的嘗試:不做自己擅長的事,改做能力不足的事,例如,讓負責財務的那傢伙提出他的最佳直覺創意,或是讓創意人員做分析工作。一個最簡單的方法是,你可以告訴大家,每個人都必須針對主題提出一個觀點,不論他們的重要長處是什麼。有時候,天真的點子是最佳點子,就如同「愚蠢」的疑問往往問到重點。

對於任何營利事業,免費贈送產品乍看之下似乎是瘋狂之舉,但這是犧牲打(loss-leader)策略。許多商店以低於成本的價格銷售某些產品,為的是吸引顧客進門購買較貴的產品。通常,犧牲打是牛奶或雞蛋之類的基本必需品,顧客購物時,可能順便購買較貴的品項。因此,以低於成本的價格銷售某些產品,可能違逆你的較佳判斷,但這是存在已久創造巨大總獲利的手段之一。一些產品類別的獲利和忠誠度全來自更換組件,例如印表機。廠商的主要收益來自更換墨水匣,因此願意以低於成本價銷售印表機來吸引顧客,以賺取他們日後更換

墨水匣的錢。碧然德（Brita）淨水器的營利，主要來自顧客更換濾芯，而非經常以優惠價銷售的淨水器機體。許多夜店在一些晚上提供便宜、甚至免費入場，吸引更多顧客進門，再靠賣飲品給他們來賺錢。

想想看，你能夠免費提供什麼，以吸引顧客購買更貴的產品與服務？

藉由違反你的性格使然的較佳判斷，你有可能獲得優異的點子。本書作者之一天性內向，大部分時間偏好不出門；另一位作者則是非常外向，外出活動的時間很多。我們發現，兩人合作時，我們的差異使得雙方獲得更平衡的觀點。天性內向的那個外出時間增加（我們兩人之前的合著，使我們作了超過兩百場演講活動），天性外向的那個必須坐下來思考和寫作的時間增加。違逆我們的天性判斷，對我們兩個都有益。

有時候，最隨機的結果可能來自違逆的你的較佳判斷。英國喜劇演員米奇·弗拉納根（Micky Flanagan）最著名的固定演出劇目，是最早於2010年演出的「Out Out」小品。他在這些表演中定義「going out」和「going out out」的區別：「going out」是「外出」，例如外出買牛奶；「going out out」則是「外出到處晃晃」，有可能發生意料之外的事，例如你遇到一個很談得來的對象，六小時後，你們還在酒吧裡聊個沒完。「外出到處晃晃」可能違反你的較佳判斷，但你可能會愛上。不妨安排時間，把團隊帶出去到處晃晃，說不定你們就需要這種聯誼來拉近關係。

若你違反了你的較佳判斷，請花點時間檢視結果。這項創意技巧有助於想出點子，但是請務必花時間先考慮這些點子，再採取後續行動。

> **採取行動**
>
> 試著違反你的較佳判斷，嘗試令你皺眉的一些點子或方法。但是，在你推進這些點子前，請務必先三思，並和團隊成員討論。

重建美好

我們知道，「重建美好」（Build Back Better）一詞來自政策框架，而且聽起來是有點奇怪，畢竟誰會刻意重建不美好？但是，親愛的讀者，請先別過度糾結於這個標題，且讓我們以更好的方式重建你的興趣。

「重建美好」一詞源於聯合國的政策，最早被美國柯林頓總統使用，他想推出為美國與美國人民降低災難風險的政策。此後，這個名詞也被用於為企業降低風險的策略或方法。

每間公司從第一天起就有其信條，縱使仍處於新創模式的公司也是一樣。但是，不論在什麼階段和什麼時候，一定都有改善的空間，重點在於你盡所能地確保你能夠使用任何大大小小的挫折，謀求在未來改進。比起輕易地完全捨棄任何行不通的點子，這是更具建設性的

態度與方法。若你完全捨棄行不通的點子，這樣做或許看起來乾淨俐落，但是可能對同仁有所影響。畢竟，他們投入了不少心力，完全捨棄不用可能會打擊到他們的士氣，下回他們還會如此投入、如此努力嗎？若他們覺得一旦行不通，就會遭到完全放棄、不被肯定，大概也不會再那麼投入與努力了。

那麼，如何「重建美好」呢？肯定及讚揚奏效的東西，在此同時，也不帶情緒、不咎責地檢視未能奏效的東西。是因為太急所以未能奏效嗎？我們有沒有執行它們的最佳流程？是否需要新一批的貢獻者？展現心胸與誠實，最重要的是，展現仁慈。若流程建立於害怕的基礎上，人們將不再勇於發言表達任何疑慮，而是會靜候失敗。若你決定實行「只報好消息」的資訊迴路，細縫將會變大成裂痕，最終形成破洞，而這不是建立和促使公司成長的可行方法。沒有基礎打造不了成就，這是很簡單的道理，但是有無數的例子顯示，當人們對一個點子感到興奮、急於開始，有可能會忘了先建立健全的結構。

想想看，你會留住先前流程的什麼部分？可以再使用或改作其他用途嗎？也許，市場當時不適合實行那個點子，但你可以先留下來、記錄起來，確保日後時機適當時可以立刻推行（或者至少已經做好 90％ 的準備）。不適合的原因有很多，可能是你們入市太遲，已經落後，或是入市太早，供應人們當時還不想要的東西。

若沒有任何可解救之處，有可能是你們的初始假設

或運作是錯的,而不是你們發展點子的方式錯誤。你們必須對這一切進行釐清,務實評估你們目前的處境以及可能的機會。你也必須冷靜、務實地評估你們在時間範圍內能做的事——是的,你可以改變一切,前提是你能夠再僱用 200 人,他們具備需要花時間學習與吸收的特定技能,而這當然是不可能。為了你好,請接受事實吧,相信我們,你會為此感謝我們的。麥肯錫在 2007 年發表的一項研究報告指出,主管們太常向不正確之處尋找能夠提供競爭優勢的洞察。與其閱讀成功故事和學習基於不牢靠資料而建立的方法,最好還是利用及發展我們的慎思明辨。**只有知道哪些事情具有可能性,我們才能夠重建美好。**那些瘋狂點子使得產品或公司成為市場領先者的故事之所以吸引注意,正是因為它們是例外,而非可預料的結果或大多數公司的經驗。

> **採取行動**
>
> 唯有認知及承認錯誤何在,才能「重建美好」。跟政治人物一樣,公司領導人有時會迴避這件事。批評他人很容易,承認自己的工作應該如何改進比較難。檢討需要改變之處,或許能夠激發靈感,成為創造力的跳板。

別人會怎麼說?

我們相信多元性有助於驅動事業成長,這不是什麼

祕密了，我們在上一本著作《歸屬感》中就敘述了很多促進多樣化聲音的理由。這不僅有助於提高公平性，還能夠促進商業成果，對創造力也很重要。**真正富有創造力的人會綜合不同的聲音，以創造出傑出的新作品和點子。**

麥克・尼可斯（Mike Nichols）1967年憑藉《畢業生》（*The Graduate*）一片贏得奧斯卡最佳導演獎，他在1963年才初次開始導演工作，此前一直是喜劇演員。

尼可斯執導的第一部作品是舞台劇《裸足佳偶》（*Barefoot in the Park*，後來也拍成電影），他只有五天的時間準備。這齣劇的劇本由尼爾・賽門（Neil Simon）撰寫，由勞勃・瑞福（Robert Redford）主演，也是勞勃・瑞福演藝事業中的突破角色之一。在英國電視頻道天空紀實（Sky Documentaries）的「成為麥克・尼可斯」（*Becoming Mike Nichols*）紀錄片中，尼可斯談到創作這齣劇的過程，其中包括很多的改編和即興創作，這是他偏好的工作方式。

一份新工作、在很多地方都需要證明自己的能力、只有五天的準備期、劇本尚未完成——確實是相當大的一個挑戰。這齣劇很有趣，但不夠精采，尼可斯和賽門絞盡腦汁，仍然想不出一個好的轉折，最終突破來自尼可斯一位較年長的朋友莉莉安・赫爾曼（Lillian Hellman）。她看了排演，對其中一個場景作出評論。她說她有一個遠遠更好的點子，她建議讓勞勃・瑞福飾演的男主角的丈母娘，跟樓上那位風流倜儻的年長男鄰

居一起搞失蹤,兩人偷溜出去快活。尼可斯後來發現,這個安排正是這齣劇需要的意外轉折——此舉讓雞飛狗跳的新婚這個主軸獲得新的發展。

尼可斯當時的年齡跟劇中年輕新婚夫婦的年齡相當,因此無法想像到劇中五十幾歲的丈母娘會和樓上那位年長男士產生不倫戀。他在紀錄片中回憶這段故事時,似乎仍舊顯出事後回顧的震驚。很顯然,若非當時五十多歲的赫爾曼提出這樣的建議,當時三十幾歲的編劇和導演不會考慮到、當然也不會准許自己加入這樣迷人的意外轉折。

尼可斯和賽門這兩個三十幾歲的男人在創作上卡住了,他們聆聽一位女士的建議,因而得救。在傳統的創意部門,這位女士當時的年齡會使得她的聲音近乎不被傾聽。

誠如競立媒體公司全球創意變革業務執行長史特夫・卡爾克拉夫特(Stef Calcraft)所言:「我們全都可能是富有創意的人。」若不是因為我們所有人——真的是我們所有人,在每一個層面(包括年齡)充滿差異性,就不會有那麼多的創造力了。

採取行動

解決問題時,請試著納入各種聲音。你們團隊裡有誰,他們是怎樣的人?可以加入一些完全不同的人。也可以詢問外部人士的看法,認真聆聽他們說的話。

來趟旅行

　　打破熟悉，有助於提振活力。想想你的假期——新景色，新靈感，有機會省思與換新。出差的商務之旅，也是省思與換新的好機會。所以，下回你和同事一起搭機時，在飛機上別忙著處理你的收件匣，跟同事好好聊聊機會和接下來的趨勢。也許，只是聊個三十分鐘左右，但這些聊天內容務必是談論未來，而非發牢騷，例如吐槽上次辦公室慶祝活動挑選的地點。給自己一小段時間，針對你的工作的一個層面，思考「若……，會怎樣？」或「若……，那更好」的問題。

　　你可以考慮的另一種旅行是了解你的顧客的旅程。若你們正在尋求作出改變，改變可能來自多種領域，例如：技術改良、重要成分／元件的供應問題、市場變化，或是市場出現了新的競爭對手，視你們的挑戰而定，你的旅行性質將會有所不同。若你們的市場正在發生變化，例如：客群正在縮減，你的旅程將涉及尋找潛在的新顧客，以及探索你們將需要作出什麼改變以吸引他們。

　　重要的事先做：他們如何發現你，你如何歡迎他們？讓他們熟悉產品與服務是容易的事，但首先，你得讓你的旅行成為一趟發現之旅。你有過這種經驗吧？你在旅行時太早抵達旅館，結果還不能入住。我們喜歡在已經可以入住時抵達，這樣飯店人員就可以幫忙即時把行李送到房間。你不需要把行李寄放在櫃台，然後領號碼牌。

結果，在歷經一天的會議、或許還加上晚餐後，在深夜 11 點回到旅館，等待留守的唯一櫃台人員去取你寄放的行李，尤其是深夜 11 點時，櫃台可能已經沒有留守的人了。把事情弄得簡單、容易點，這也適用於你們的產品與服務，因為你希望顧客一再選擇你，而非你的任何競爭者。

　　旅行的另一個好處是創造有關於你的記憶。你留給顧客什麼記憶？好的，壞的，抑或不好不壞？或者，更糟的是，他們根本就不記得你？

　　旅行中有一部分是熟悉提供的慰藉——你知道的好餐廳、最棒的海灘、最好吃的冰淇淋店。不過，熟悉也可能開始令人感覺有點過於熟悉，一陣子之後開始令人心生乏味。你能在市場上注入什麼新元素？新元素不一定要很大，或許是針對一個客群提供一次性試用。在這個盛行使用電子郵件的時代，很多人可能以為頻繁的通訊是好事，其實不然。那就好像你在一個地方渡假，那裡有一群人決定要成為你的朋友，他們詢問你接下來的計畫，然後一直跟著你。當你在吃早餐，只想獨自放鬆時，他們卻走過來，一屁股坐在你的旁邊，還說渡假是對友誼的考驗。所以，請務必確保你的造訪客戶之旅是他們想要重複的會面，以及你們能夠一直聊到最後。

　　還有一種非常值得的旅行是，透過旅行來探索其他市場，了解在這些市場上如何運作。這能夠幫助你獲得很多洞察，探索做什麼和不做什麼。不用説，文化和社會規範會影響供應的產品，因此別根據你看到的作出任

何假設。特別留意那些具有吸引力的元素，看看它們是否適合你的市場，以及你們是否能夠有效運用。可以玩一下這些元素，作出嘗試，看看你的市場如何解讀。

<mark>旅行提供機會，讓我們探索可能性、發掘出新觀點，並且思考這些新鮮事物將能夠如何幫助我們。有可能是你的某一趟旅行，把你帶到你從未想過自己能去的地方。</mark>

> **採取行動**
>
> 來吧，放下一切，探索一下。打破範式，讓團隊沉浸於一個完全不熟悉的境況。

更像溫布頓——兩次發球機會

約翰・馬克安諾（John McEnroe）以敢言聞名，尤其是在英國。1981年時，用束髮帶固定一頭捲髮的年輕的馬克安諾，因為溫布頓盃裁判愛德華・詹姆斯（Edward James）判決他發的球出界而憤怒到說出了他的那句曠世名言：「你不是認真的吧」（You cannot be serious），然後在中央球場（Centre Court）全場觀眾注目下發出一長串憤怒的謾罵。這引發舉國義憤填膺，這起事件迄今仍是網壇的標記性時刻。

在企業界，一些人覺得難以直率發言。馬克安諾認為他在網球場上是「正常的」，他在2022年發行的紀錄

片《馬克安諾》（*McEnroe*）中解釋：「我總認為，相較於比約恩・柏格（Björn Borg），我是更正常的傢伙。他是那種能夠連續四小時不改變表情的怪胎，我是那種在球場上會感到沮喪、表達自己的正常人。」

他相信不惜一切代價取勝，但他說，37 名治療師並未幫助他變得真正正常。

任何一個世界頂尖的人會「完全正常」嗎？根據定義，顯然不會。

不憤怒咆哮，有可能勝利嗎？當然。

震懾你的對手，已經變成常見手段嗎？當然。

你能夠不惹惱別人，給出有益的反饋意見嗎？當然。我們在 2016 年出版的《玻璃牆》（*The Glass Wall*）一書中分享，一位很成功的人士解釋如何給出能被欣然接受的批評：「最重要的是，我很真誠。我的做法是『大便三明治』（Shit Sandwich）。我相當友善待人，我努力展現理解、同理心、傾聽，但我仍然勇於說出不對的事。先友善，說肯定、好聽的話，下一步是坦率提出批評與反饋意見，但最後我會說我愛你，我們一起吃午餐吧。我會生氣，但接著我會說這只是工作，還有更重要的事，我們當朋友吧。」

不過，我們所謂的「變得更像溫布頓」，指的不是這個，也不是指吃更多草莓佐鮮奶油，或喝更多皮姆酒（Pimm's）。

我們所謂的「變得更像溫布頓」，指的是「採行兩次發球機會的規則」。網球賽有一個很棒的特色是給

予兩次發球機會。有什麼其他比賽或專業，允許你作出你的最佳嘗試而無須擔心失敗？在網球賽中，每個球員可以在第一次發球時力求最佳一擊，不需要焦慮萬一失手。

想像若足球的PK大戰讓每個球員有踢兩次的機會，趣味會更增添多少？（這是我們的想法啦，在此向足球正統主義者致歉。）想像若一些學科教材中寫入勇往直前的行動，對我們的教育制度會產生什麼影響？想想看，若推銷簡報或回答客戶提問的簡報的規則是給你兩次機會——**第一次，你設定高標、力求最佳表現；第二次，你可以打出安全牌，你的感覺如何？**

當然啦，我們全都可以選擇一次性地提出多種解決方案，但這不一樣，是關於選項，不是雄心。兩次發球機會的規則應該被內建，我們會建議你試試對簡報會議制定這種兩次機會的規則，看看反應和效果如何。

AI及自動化正在為商界帶來革命性改變，有效率的自動化使得成熟市場上的競爭者變得勢均力敵，這意味的是，**那些運用創造力來增進差異化的企業才能夠取得競爭優勢。兩次發球機會的規則，能夠改變創造力。**

採取行動

勇於提出點子，彷彿你不在意會不會失敗或後果如何。奉行「兩次發球機會」的規則，讓每個人在第一次時能夠無焦慮地盡全力射月摘星。

第 4 章 夏季──組織如何開花結果

放縱你的直覺

用不同語言重新表達

更像海盜

感到無聊

順從你的最糟本能

你不做什麼？為什麼？

什麼都不做

使用一個舊點子

違逆你的較佳判斷

重建美好

別人會怎麼說？

來趟旅行

更像溫布頓──兩次發球機會

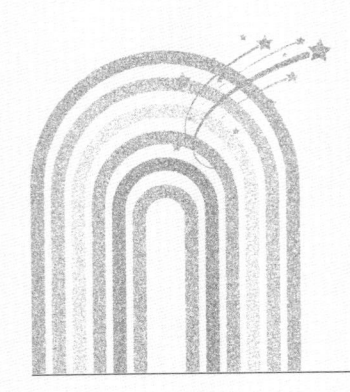

創意爆發的一年

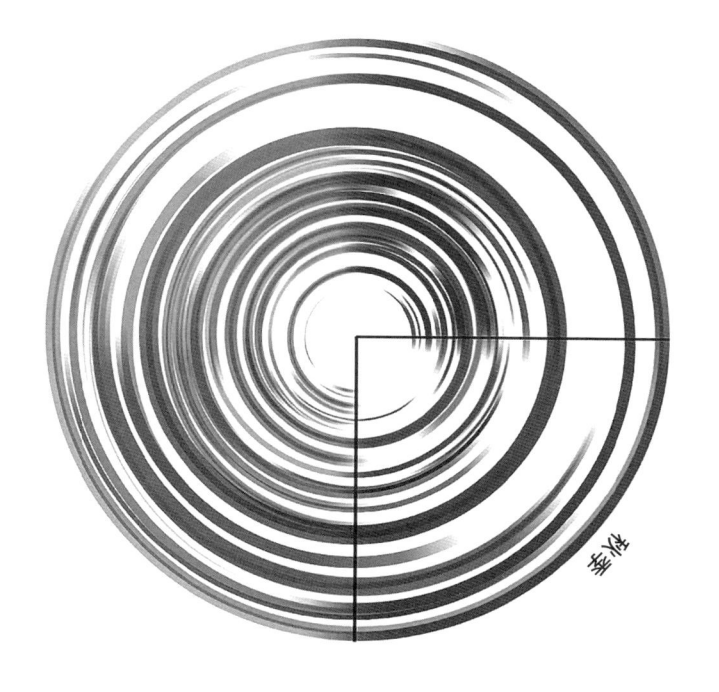

A YEAR OF CREATIVITY

第5章
秋季——衰落、興起、革命

　　當洞察不足以產生創意解方時，或許該是來場全面革命的時候了。這可能意味的是採行新實務，重組團隊，重新檢視專案目標，或是建立一種新的團體精神。許多變革計畫之所以失敗，是因為人員對於運作方式有強烈的肌肉記憶，拒絕新的工作方式，傾向「我們一直都是以這種方式做事」，儘管舉行了創意腦力激盪會議，仍然回復到維持現狀的安適區。為使組織變革生根，需要使用一些方法，來促進人員採行新的工作方式。你需要開闢途徑，使人員接受創造力及革命。若你想促成全心全意的改變，你必須懂得捨棄；就像落葉，你必須捨棄那些可能阻礙新生的東西及實務。

　　本章的開頭，我們要講述一個一百多年前的革命故事。

　　約翰路易斯（John Lewis & Partners）是一家有超過一世紀歷史的企業，雖然歷史悠久，營運方式卻很現代化。約翰路易斯是舉世最大的員工持股組織之一，但是建立這個願景的男人卻出生於十九世紀末。

　　約翰・斯佩登・路易斯（John Spedan Lewis）十九

歲時開始為他的父親約翰・路易斯（John Lewis）工作，他的父親在倫敦的牛津街經營很出名的約翰路易斯百貨店。約翰・斯佩登・路易斯二十一歲時，繼承了該公司25％的股份。他後來得知，他、他的父親，以及他的弟弟合計賺到的錢，比公司全體員工的所得還要多，這項認知改變了他。「還未消除貧民窟之前，先有百萬富翁，這是不對的」，他說。於是，他對他的企業及同仁推出了一種創意方法：推出一種合夥人模式，讓所有員工共同擁有這家企業。今天的約翰路易斯公司自述其意圖與目的是一種社會企業模式，把所有營利再投資於造福顧客及員工，但他們其實不是受僱員工，而是企業的合夥人，也是顧客的夥伴。（約翰路易斯公司不允許合夥人向上銷售；若你去他們店內說你想買一台電視機，你的預算是 800 英鎊，他們會在你的預算內為你找到你需要的最佳電視機。他們不會試圖讓你花更多錢，好讓他們賺更多或達成業績目標。）

　　基於相似的立場，該公司的所有薪資水準是相對的。總經理的薪資不得超過全公司薪資中位數的一個明訂倍數，因此百貨店鋪現場人員的薪資和管理高層的薪資不會有過分巨大的差距。這種行為存在於該公司的各種層面，例如，在英國成立國民保健署（National Health Service）的 19 年前，該公司就已經為其員工推出免費的醫療保健；在該公司服務滿 25 年，你可以獲得 6 個月的全薪休假；該公司旗下擁有五家旅館，合夥人（員工）及他們邀請的賓客可以享用。你覺得這些做法很激進

嗎？或許吧，但誠如新聞工作者潔瑪・高芬格（Gemma Goldfingle）2023 年 3 月在《衛報》（*The Guardian*）上撰寫的一篇文章中所言：「正是因為這種模式，使得顧客的忠誠度如此高，約翰路易斯及旗下維特羅斯超市（Waitrose）的購物者，可以在別處買到更便宜的豆子、麵包或胸罩，但他們對這家零售商的固有信賴度跟其所有權結構有關。」

這很有趣，一個存在上百年的組織有一條規章要求他們賺「足夠」的錢，但不是盡可能把營利最大化。在短期市場考量可能左右事業決策的世界，這尤其有關係。若你們公司接近會計年度末尾，為了使公司的資產負債表好看，你們可能會延遲一項資本投資，而這接下來可能導致你們公司相對於一個競爭者居於劣勢；那個競爭者比你們公司投資及部署得更早，以至於你們公司現在得迎頭追趕。在一些例子中，由於利潤及獲利降低的壓力，全體員工的薪資中位數降低，而獎金與公司股價維持或上漲產生連動的高層團隊卻比以往賺得更多。在愈來愈難吸引及長期留住人才的年代，約翰・斯佩登・路易斯的方法顯得很有遠見，儘管快速變化的購物世界為該公司帶來了新的挑戰。

當然，許多人並非任職於員工持股的公司或社會企業，所以約翰路易斯的模式對我們有何含義？如何提示我們有創意地思考工作環境和工作模式？基本上，這是以人為本的公司的信念與實踐，有一套價值觀與信念驅動員工／合夥人的行為，同時也明顯有益於消費者。我

們應該思考的是那些實踐我們的點子的人員，以及那將如何轉化成顧客的體驗與感覺。

約翰路易斯是一家累積許多變遷而存活下來的企業，它現在面臨新的挑戰，但它是一個打破當時被普遍接受的實務，並且把員工擺在第一優先的非凡例子。

本章介紹的 13 種創意技巧，是關於如何以新方式來看待工作實務，以及如何破除老舊的工作實務。我們首先探討你如何為了成功而組織，不是為了立即性的影響，也不是為了長期的影響，而是為了中程的影響。這通常不是判斷與評價事情的方式，若你用這種方式來思考結果，會如何呢？

為中程的成功而組織

中程總是遭到忽視或批評——一方面，立即性和戰術性不足，不足以引起激動；另一方面，也不會留下我們期望的長期遺產。那是一種不濃不淡的米色選擇，彷彿你懶得費力。在工作面試時，我們不會聽到「我瞄準中程的成功」這句話。

但是，為中程而組織，對團隊有益處。一方面，可以消除追求應急之計以及現在就必須做並且完成的壓力；另一方面，不會有尋找可解答一切的長期大點子的負擔（有時甚至問題都還沒浮現）。

為中程而組織，能使你有相當程度的自由度，也移除我們對產生的概念和點子進行評比時不慎樹立的障

礙——這些「有時合理」的障礙,指的是我們不願意採納很顯然的點子和解決方案。這種趨避顯然點子和解方的傾向有其背後心理,本書的兩位作者才疏學淺,無法在此作出詳細解釋,但下列是我們的一些想法。我們在解決問題或發揮創造力時,太常有這樣的心理負擔:認為產生點子必然是難事,得花上多小時的努力與思考,想出點子,進行解析,直到找到終極好點子。所以,任何令人覺得顯然的點子或解方往往被忽視,因為……太顯然了。我們忽視一個顯然的解方的時間愈久,對它的反感就愈強烈,彷彿我們已經相信它必定是錯的,要不然之前為何沒嘗試呢?我們假定它已經被分析過、被捨棄了,就這樣,又形成了對這個解方的另一層抗拒。很奇怪的是,這類想法及行為在公司裡變得非常固化。

若我們為中程而組織,我們就有餘裕擁抱顯然的解決方案,這將幫助我們快速處理迫切的問題,並可作為通往下一批點子和創造力的橋樑。

為中程而組織,使得團隊有機會在情緒上和心理上獲得一個出口,因為當時間範圍較長時,改變的壓力就明顯小得多。另一方面,為中程而組織,團隊就不需要去預期長期需要什麼要素。我們唯一確知不會改變的事情是:事事都會改變,而且改變有時比預期的還要快,為中程而組織能給予你五年期計畫可能無法給予的彈性,若你想要敏捷,也許中程對你而言是合適的立場。

若中程是你的起始點,你也許是對影響流程的一些因素作出改變。資源和金錢可能是解決方案面臨的障

礙，在為中程而組織之下，你可以用不同的方式來評估你的資源——你可以決定用既有資源來做這中程計畫，或是選擇較彈性、自由或定期的資源。在金錢方面，由於你是為中程而組織，不是做長期計畫，你的固定資金需求的負擔可能沒那麼大，你可以作出較多的前置投資，因為你知道在不是太遠的未來將有報酬進來。為中程而組織，代表既不束縛於長期，又能做一個可續的計畫，或許使你更容易取得所需要的現金。

中程未必代表未完成的事，你可以把這樣的發展視為一道階梯，從容穩定且謹慎地向上發展。

> ### 採取行動
>
> 別擔心手上任務的短期影響，也別去想長期影響。思考當前要克服的障礙，現下先別擔心長期後果。確保團隊成員不受短期影響的束縛，組織可能有肌肉記憶使得他們聚焦在特定的短期影響，擔心若短期未能交付成果，計畫就會遭到取消。把目光放在中程。

快速出名

現在，反過來，思考如何快速取得成果。藝術家安迪・沃荷（Andy Warhol）在 1967 年曾說：「未來，每一個人將出名 15 分鐘」，當時名氣的獲得比現在難多了。

那個年代，少數人是名氣的守門人，想要出名，

你得吸引他們的注意。這可能是指參加電視選秀節目，著名的英國例子包括 16 歲的喜劇演員連尼・亨利在《新面孔》（*New Faces*）中獲勝，以及《機會來敲門》（*Opportunity Knocks*）節目使潘・艾爾斯（Pam Ayres）成為著名詩人暨喜劇演員。或是參加綜藝節目，例如美國的《蘇利文劇場》（*The Ed Sullivan Show*）使貓王艾維斯・普里斯萊（Elvis Presley）、達絲蒂・史普林菲爾（Dusty Springfield）和披頭四樂團一夜之間成為明星。

如今，名氣的守門人是演算法，若你在社交媒體上爆紅，你可以獲得收入，變得出名——至少一陣子。

當你需要在創造力上躍進時，方法之一是思考這個問題：我們如何讓這個快速出名？

那麼，要如何獲得名氣？你需要利用流行文化，可能得跳進去跟上社交媒體上的最新流行，或是利用人類深植的欲望。

最新流行其實滿容易發現的，上網搜尋一下，從排名前五的搜尋結果中挑一個，試著跟你的課題建立關連性。有一些流行是持久的，舉例來說，可愛的貓貓狗狗一直都很流行，對嘴也從不退流行。從網際網路問世後，貓咪失足摔落的圖片和影片就一直流行至今。繽趣（Pinterest）對 2024 年的生活趨勢預測包括：爺爺年代復古風；小型水族箱；水母頭；羽毛球風潮；往山裡走。

社交媒體上的流行大多不是偶然發生的。網紅和影響力人物是那些已經在社交媒體上特定領域或產業中建立可信度的用戶，這些內容創作者有大量的觀眾，能夠

分享資訊,透過自身的可信度和觸及來說服他人。他們很努力建立及維繫他們的粉絲。快速建立名氣的方法之一就是:主動聯繫那些已經在和你瞄準的客群建立聯繫和互動的人,向他們提供產品或金錢作為報酬,換取他們的推薦代言。或者,你也可以在圈子裡找到積極的社交媒體用戶,讓他們為你建立一群粉絲。

若你能夠利用人類深植的欲望,也可以幫助建立名氣。俄亥俄大學在 2000 年發表的一項研究報告列出 16 種人類的基本欲望:力量,獨立性,好奇心,被接受,秩序,儲蓄,榮譽,理想,社會人脈,家庭,地位,報復,戀愛關係／性,飲食,體能鍛鍊,平靜。

1990 年代,英國的廣告公司 The Media Business 因為做了一項研究調查而聲名大噪,該項研究是本書作者蘇進行的,主要內容是調查家庭主婦對廣告的看法,但問卷調查中附帶詢問的一個問題及其調查結果成為矚目的新聞。這道題目詢問受訪者,她們偏好與她們的丈夫性愛,抑或一張購物禮券?大多數的受訪者選擇購物禮券,以及獨自去購物。幾家英國的全國性報紙報導了這個研究結果(包括頭版報導),美國的《國家詢問報》(*National Enquirer*)也刊登了。這個名氣並不持久,但是幫助到這家廣告公司吸引到新的業務。其實,那是一項嚴肅的研究,探索多數廣告無法引起女性共鳴的問題。但是,藉著附加一個故事以吸引新聞注意,藉著利用人們對於性和家庭主婦的報導的持久興趣,創造了聲名大噪的效果。

> **採取行動**
>
> 想想看,你可以如何利用人類的基本欲望或網際網路上的最新流行,使你的事業點子快速出名?你可以上 trends.google.com/trends 搜尋一下,看看 TikTok、X(前推特)等社群平台上正在流行什麼,或者往深植的、從未改變的人類欲望中尋求靈感,例如:馬斯洛需求層次(Maslow's hierarchy of needs),以及前文中提到的俄亥俄大學研究報告列出的 16 種基本欲望清單。

建立社群

創造力是為了什麼?

用途之一是創造性破壞,摧毀和清除老舊和傳統的模式,使你能夠建立新範式及新標準。有時候,若組織或文化中沉重負荷著過往傳統,就不可能創造出新的東西。若這是你的意圖,那麼建立一個社群能使你獲得來自群眾的支持,就是一個很好的起始點。

以往數千年間,一個人的社群是其出生地方圓幾英哩內的真實生活地方社群。姑且不論好壞,多數人終其一生認識和保持往來的是相同的一批人。直到二十世紀後葉起,家庭單位才變得較小且更獨立,離開你的親友和出生地變成普遍的模式。城市風情改變,你並不常與鄰居往來;事實上,尤其是在倫敦,你可能從未見過你的鄰居。現代人的生活變得怪異。

網際網路問世後,社交媒體應運而生,促成了社群的改造與再生。從最早期的 Friends Reunited、MySpace、Second Life、當然還有臉書（Facebook），這些平台讓我們能夠滿足深植的情感需求——與他人建立連結。千禧世代的小孩能夠一輩子和求學時期的每一個人保持聯繫，前提是若他們想要的話。人脈擴增，但突然消失斷聯（ghosting）的現象也增多。

社交媒體也讓擁有相同熱愛的人可以建立連結。這種現象在二十一世紀初興盛之前，你可能熱愛一種收集，或是對小眾主題有著強烈的玩家興趣，但大致上你是獨自從事這類活動，除非在真實生活中找到並加入同好俱樂部。若你熱愛的東西是小眾主題，以往找到同好俱樂部的可能性很小，後來推特、Pinterest、Instagram 等平台問世，為我們提供了同好社群，幾乎你能想到的任何興趣，從糕餅烹飪、紉縫到獨立書店，都有形形色色的同好社群。

當然，在這些社交媒體問世前，有一些其他途徑可追求你的熱愛。各種主題的雜誌靠著提供這些資訊而蓬勃發展，作家暨評論家約翰‧格蘭特（John Grant）稱它們為「熱情的型錄」（catalogues of passion），而非只是印刷品。它們讓真實生活中有相同愛好、但彼此不認識的人得以建立連結，豐富了個人及創造力。

人們對他們熱愛的主題擁有無窮的好奇心。有相同愛好的人建立連結，不管他們在年齡、階級、性別、種族、性傾向、甚至政治立場上的差異，他們跨越障礙建

立連結。**如果你們能夠建立熱愛你們事業／產品／服務的社群，可能會使獲利能力出現階躍式的提升。**

有熱情的人能夠共同創造（也能夠共同破壞），若你們能夠善用這點，就能讓專案、事業發展或品牌階躍式地成功。

賈絲汀・羅伯茲（Justine Roberts）是社交媒體平台 Mumsnet 的共同創辦人，這個平台讓媽咪們交流與發聲，若一個概念或意見在平台上火紅，就會成為全英國的新聞。Mumsnet 的一次著名事蹟是，有一次，該網站舉辦網聚時，邀請英國前任首相高登・布朗（Gordon Brown）參加，但是他說不出自己最喜歡吃的餅乾，因而陷入尷尬。Mumsnet 社群能創造成功，也能創造失敗，羅伯茲說：「若他們喜歡你的意見，就會告訴所有人；若他們不喜歡，也會告訴所有人。」

在 X 平台上，#metoo 和 @everydaysexism 社群創造了新的社會規範，讓無數沉默者得以發聲，獲得了可以行使的力量。

TikTok、Instagram、Pinterest 等等網站全都提供社群與連結。**如果你當前的處境需要改變與創造力，不妨主動加入或試著建立一個新社群，善用人們的力量。**

採取行動

想想看，你們可以如何讓社群成為你們的助力，為你們的理想和目的搖旗吶喊？這可能是實體社群，或是線上同好

> 社群。在你們組織中，或許也有社群對於接下來的挑戰相當熱情，找出來並且善用他們的力量。

使團隊快樂

任何希望員工投入於工作的人，不會說這樣的話：「你們是來這裡做你們的工作的，不是來這裡尋求快樂的。」我們很清楚，有些人對於工作中的快樂的想法是公司有一個乒乓球社團，比賽採行差點制以求更公平，他們認為這將非常有趣。或者，每當有機會時，能夠出去喝一杯：「喬治終於會用咖啡機了，不會搞到警報聲大作，這值得號召全隊去喝馬丁尼了，是吧？」

對每個人而言，工作中的快樂有不同的含義，但我們的論點是，較快樂的人能有更好的工作表現與成果。把你的人員擺在第一優先，將能形成一個良性循環，他們表現更好且快樂，因為他們的工作很棒。好工作使得人們想要有更多的好表現，於是快樂增長，大家的工作樂趣大增。《富比士》雜誌發表的研究結果顯示，快樂的員工的生產力比不快樂的員工高出 20%。其他研究也顯示，工作場所的快樂與滿意程度，有助於改善銷售業績、生產力及工作的正確性。

影響工作快樂程度的一項重要因素是，你對於在組織或團隊中的身份與價值的感覺。因此，在組建創意團隊時，應該想好要如何介紹和定位同事的工作。若你這

麼介紹妮姬：「妮姬的工作是確保我們不會去吃牢飯，所以在她面前講話得小心喔！」，會使得她看起來像是個壞脾氣、掃興的人，同時暗指她不會作出其他貢獻，只會悲觀陰鬱地扼殺哪怕是最輕微的冒險之舉。讚美某個人的才能，同樣會構成壓力：「蘇是這裡最聰明的人，所以我們安啦！」（蘇的確非常非常聰明，但這句話隱含了其他人可以放鬆，啥也不必做，過度聚焦於她。這也意味著你可能創造了一支除了嚴重扼殺蘇的點子、別無其他太大用處的團隊。）

「這位是科特，他代表 IT 部門，他有企業社會責任管理和直覺顧客系統方面的經驗。」現階段我大概只需要這樣了解科特就可以了。是嗎？什麼是直覺顧客系統？有人可以解釋為何這東西可能對我們的專案有用嗎？

我們組成團隊，設法使每一個團隊成員覺得他們有價值。然後，我們闡述做的這些工作將有什麼影響性，也許是使內部流程變得更容易運作，或是其他益處。要讓團隊覺得過程對事業、員工或終端顧客有價值，沒有人想要覺得這只是一個過程，除非過程能夠增添價值，否則很難激勵投入其中的人。最後，努力確保這些創造性變革的參與者能夠學到東西，這有兩方面的益處：其一，參與者覺得有收穫；其二，若參與者帶著更多技能或知識返回原部門，他們的經理未來將會更願意讓同仁參與類似的專案。

你如何招集組成你的團隊，將是左右成功及參與者

快樂程度的一項重要因素。 看到兩個團隊成員公然起衝突，或許有其戲劇張力，但你們組團隊是有任務的，不是來演實境秀的。所以，要是有人告訴你，小林和老張共事的情況好像不好時，請務必留意。必要時，你得接受，然後再找一個組合。同樣地，雖然我們全都需要認清現實，但可別在你的團隊中加入一個就愛冷嘲熱諷／發牢騷的專業戶。他們原部門的上司把他們借調給你，可能是想暫時擺脫他們，讓原部門的人喘口氣。打聽一下，拒絕接受這樣的人。健康的懷疑及觀點對團隊有益，不斷發牢騷對團隊有害。

採取行動

持續留意團隊的快樂程度。偶爾情緒低落沒關係，但是真正很痛苦就有問題。想想看，你能夠做什麼，使團隊維持較高的快樂與滿意度？方法很簡單，也許你可以直接問他們，什麼能使他們快樂？有時，你可能會需要賦能他們，給予他們目的和新技能。

寬宏慷慨

若你在尋求創意點子，試試展現寬宏慷慨。有兩種不同層面的做法。

實體面：在大小／尺碼上寬宏慷慨

若你做的是銷售衣服的事業，在尺碼上寬宏慷慨將使你的女性服裝生意更好。社會科學研究網（Social Science Research Network）在 2010 年發表的一項研究結果指出，女性偏好較小尺碼的標籤，這大概並不令人意外，因為能夠提升她們心中的自我形象。新聞工作者愛莉安娜・道特曼（Eliana Dockterman）提出一個見解：伴隨美國女性平均體重從 1960 年時的 140 磅（64 公斤）增加到 2014 年時的 168 磅（76 公斤），服裝品牌調整服飾尺寸大小，幫助女性能夠符合較小的尺碼。這形成了一種競賽，互競的品牌全都爭相變得更加寬宏慷慨，於是某個品牌的 8 號尺碼可能是另一個品牌的 12 號尺碼——讓我們誠實面對自己吧，若可以的話，我們偏好購買 8 號尺寸。把這項原理應用到你的挑戰，藉由在大小／規模／尺寸上寬宏慷慨，提高顧客的自尊。**這不僅與服飾相關，也在鼓勵你想出類似的超高效率提案，在事業計畫中增添一些餘裕。**你可以對回頭客提供一些獎勵，例如：每惠顧五次就贈送一杯免費咖啡。另一種可能有幫助的做法是，和一個與你們的目的相同的企業建立夥伴關係，例如：你們公司能否加入連鎖超市的顧客忠誠方案，或是建立互惠的品牌合作關係？

情感面：展現寬宏慷慨；獲得好業報

　　寬宏慷慨的行為，是絕大多數宗教信仰理論的宗旨之一。行善及獲得回報，是我們向小孩講述的故事的一個重要基礎。

故事的勇士在森林裡遇到一位老婦，他們中斷了冒險之旅，幫助她撿拾柴火。老婦給了他們一樣看起來明顯沒有價值的東西作為回報，後來這樣東西神奇地拯救了他們的生命，幫助他們完成使命。

比起不斷進擊與強制，仁慈與溫暖使你走得更遠。伊索寓言《北風與太陽》（*The North Wind and the Sun*）完美詮釋了這點。太陽和北風爭論誰的力量更強，決定進行較量：看誰能使一個行進中的男人脫去外套。北風使勁地吹，它吹得愈強勁，男人就把外套裹得愈緊。太陽溫暖照耀在男人的身上，暖和到使他脫掉外套，還驚訝於天氣的變化。所以，你能夠如何寬宏慷慨地在你們組織中或是為顧客營造一個更暖和的氣候？

職場上，盡你所能對那些需要你幫助的人仁慈與寬宏；當境況反轉過來，換成你需要幫助時，你比較有機會開心獲得互惠。 若你剛好有東西或許可以幫得上別人，或者對他們有益，例如：一本書、一個姓名或一個經驗，請慷慨免費給予。不要刻意保留到能夠獲得快速回報時，把眼光放長遠。

在商界，人們有時懷疑寬宏慷慨，訴諸自私的選擇。文化致使我們相信這才是正常之道，因而有轟動的影集如《繼承之戰》（*Succession*）、《朝代》（*Dynasty*）及《朱門恩怨》（*Dallas*），但這並不全然真確。社會心理學家強納森・海德特（Jonathan Haidt）說，人類行為主要是遺傳自黑猩猩的特性所形塑的，但也有一部分行為像蜜蜂。

我們的黑猩猩部分,促使我們努力向樹的頂端爬,我們是馱畜,我們想要獲得大老闆的認可與賞識。海德特寫道:「長久以來,我們被告知,人類根本上是自私的。電視實境節目展現人們最糟糕的樣子,使我們精神上受到打擊⋯⋯。不是這樣的,我們工作的時間或許大多用於推進自己的利益,但是我們全都有能力去超越私利,變成整體的一部分。」

你們的創意點子能否超越私利,促進整個蜂巢的興盛呢?

> **採取行動**
>
> 根據你內心的寬宏慷慨來行事,找到一個超越期望的點子,也許是修改你們的產品,發揮寬宏慷慨,帶給顧客欣喜。或者,也許是和另一個品牌建立夥伴關係,獎勵顧客的忠誠度。當然,也可以是在你的工作生活中幫助他人。慷慨施惠,日後必得回報。

建立橋梁

很顯然,一支凝聚團結的團隊是推進點子的最佳之道。我們的直覺是,組成的團隊應該要能代表我們試圖發展的點子或專案所涉及的各方利害關係人,於是你的團隊中有來自財務、行銷、物流等等部門的人員,全部齊集於會議室,嘗試一起研議可能還不存在的東西。這

聽起來很合理,但若是一個參與者不想參與,另一個參與者立刻就不喜歡團隊裡的某個人⋯⋯那就很難成就任何事了。(我們這是為了效果而誇大,但本書作者之一曾經參加過一個點子生成會議,歷經兩小時後,甚至連專案名稱都沒能達成一致意見。這絕對不是職涯的高光時刻,尤其是那場會議還開了三個小時。在未能找到大家都贊同的名稱下,我們選擇先擱置,轉向另一個爭議性較低的主題。)

藉由在團隊成員間建立橋梁,有助於達成更多。一開始,先讓每個人講述他們為何會加入團隊、希望帶來什麼,以及他們喜歡的工作模式。這很重要。若你是一個喜歡以安靜沉著方式來解決問題的人,那麼置身於大家暢所欲言的腦力激盪會議,你可能會感到不自在,你將不願意表達自己,因此團隊將不會獲得你的意見。因此,設法讓內向及邏輯推理的理性觀點也得以呈現,這是必要的一個方面,這樣才能使點子獲得充分檢驗而足夠堅實。我們帶進會議室裡的性格與素養影響會議成果,因此你必須深思熟慮地挑選團隊成員。

劇作家露西・普雷博(Lucy Prebble)是風靡全球的電視影集《繼承之戰》的創作團隊之一,她談到她最初推銷自己的劇本點子時採用的方法:「剛開始推銷時,我會用這句開場白:『這是垃圾,不過⋯⋯』,讓大家坐著聽我講述我告訴他們是垃圾的東西。過了好些時間,我才認知到,我的這句開場白不僅是叫人們別聽我的東西,而且是浪費時間。」若你徵求你的同事提出

點子,千萬別把闡釋清楚和擁有最佳選擇這兩者給混淆了。**建立橋梁,讓所有能夠幫助創造一個動人點子的觀點都可以呈現。**鼓勵那些擅長倡議點子的人為那些不是那麼自在的人闡釋他們的點子;對於那些擅長構思點子、但不善於細節的參與者,找到合拍的工作夥伴,幫他們充實點子,加入必要的細節與深度。

你也應該考慮在你們工作團隊之外的組織內部建立橋梁。誰有優異的新眼力能夠檢視你們進行中的工作,提供建設性意見和有幫助的建議?是否有已經展開一項新行動方案而可能提供你們幫助的人?若你是團隊領導人,別只有你自己去和那些人交談,邀請他們來和你的整個團隊交談,這樣團隊的所有人都能夠聽到和處理反饋意見。這樣可以避免團隊領導人把反饋意見視為針對個人的侮辱,因此忽略自己不喜歡的意見。最好的結果是那些由團隊一起琢磨、並有反饋意見和建議加以調適的結果,而不是從未一起工作的一群人獨自做出的產物。**藉由建立橋梁,可以鼓勵團隊作出不同的思考及分享技巧,建立他們對自身能力的信心,交付行得通的點子。**

採取行動

主動徵求他人的幫助,建立連結。確保團隊確實為團隊,而非一組有才幹的個人在獨自運作。當發生衝突、不和諧時,精力就會花在錯誤的活動上,優秀的思考就會導向錯誤的焦點上。把自己視為橋梁建造長,打造和諧。

改善人們的生活

位於秘魯首都利馬的瑟科斯葛瑞廣告公司（Circus Grey）的創意長查理・托爾瑪斯（Charlie Tolmas）說，秘魯是舉世最雄性的國家之一，在缺乏教育和社會規範下，女性常常不具有相同於男性的經濟機會。根據線上資料庫 Statisa，秘魯的女性在工作上獲得公平機會的可能性比男性低三分之一，因此也較可能依賴男性。

瑟科斯葛瑞廣告公司面臨一項挑戰：為其客戶 Mibanco 這家專門為新創事業提供貸款的金融服務公司推出一個行銷活動。托爾瑪斯的團隊大可以製作各種強調優惠貸款利率或容易取得貸款的廣告，但他們選擇和該行合作致力於改善女性的生活。

在秘魯的金融體系中，銀行有一項政策，就是想要申請貸款的已婚女性需要丈夫的簽名，這是規定，而丈夫可以拒絕簽名。在這個女性經常遭到暴力對待的國家，這有時會導致女性終其一生受到高壓控制。（世界衛生組織在 2006 年發佈的報告中指出，69％的秘魯婦女在她們的生活中遭到某種形式的肢體暴力。）

Mibanco 改變貸款形式，去除貸款申請表格上的丈夫簽名欄位，形同把所有女性視為單身。這項小改變雖然簡單，意義和影響卻相當重大。在全秘魯有 300 家分支機構的 Mibanco 找到一種創意方法，藉由稍微改善女性的生活來推銷其服務。

線上零售商 eBay 在 2021 年和英國實境電視節目《戀

愛島》（Love Island）合作，推銷「被愛過的」（pre-loved）時裝，也就是二手衣。此前，該節目有時裝贊助商，線上零售商 Missguided 在 2018 年時首創即時把節目參賽者穿過的服裝銷售給觀眾，使得銷售額激增 40％。現在，eBay 的行銷團隊反過來，為節目參賽者提供二手衣，此舉使得 eBay 網站上的二手衣銷售量大增。競立媒體公司的創意策略主管林賽・喬丹（Lindsey Jordan）和 eBay 的主管依芙・威廉斯（Eve Williams）共同合作。該團隊從根本相信永續行動的重要性，以創造服裝的循環利用為使命，考慮衣服的整個壽命——從材質的永續性，一直到衣服的第一任擁有者不想再穿後衣服的處置與去向。英國的二手衣銷售量出現巨幅成長，很顯然，從「二手」改名為「被愛過」，是引發這種趨勢的關鍵。平均每五位購物者中，有一人的衣櫥裡有至少一件二手衣。但是，在 eBay 的行銷活動前，這種趨勢比較不明顯。

依芙・威廉斯闡明他們的意圖是顛覆有關於時裝的談話：「身為二手品最早的銷售平台之一，我們相信加入這個非常具有影響力的節目，將能夠激發全國人民對他們的衣櫥作出不同的思考和更有意識的選擇。不論是賣掉衣櫥裡的一件衣服，抑或是購買他們喜歡的這個節目的參賽者的二手衣，這些小改變將能夠對推動循環利用作出一大貢獻。」

這個初始意圖同樣是改善人們的生活，而結果同樣是驅動銷售績效。

這不是關於行銷或廣告，而是關於整個事業。社會

領導力如今是企業的一個核心功能,愛德曼公關顧問公司(Edelman)每年對 28 個國家的 32,000 名受訪者進行調查,2024 年的調查結果顯示,62％的人現在期望企業領導人應付社會變化,而非只是應付他們的企業中的變化。企業是唯一仍然受到信賴的機構,79％的受訪者信賴他們的僱主,反觀人們對媒體和政府的信任度卻是下滑。

設法改善人們的生活,這不僅是品性和道德上正確之事,也是非常有助於招募及留住優秀人才、好宣傳及促使業績成長的實用方法。

> **採取行動**
>
> 設法使你的事業能夠貢獻於改善人們的生活,或是貢獻於社會或環境益處。這未必需要是什麼宏大、影響整個社會的事,也可以是貢獻於你的事業所在的當地社區。別只是思考你們的產品與服務,思考它們帶給購買者或使用者什麼益處?這或許能讓你和團隊產生超越目前處境的行銷點子,幫助你們更加宏觀。你們能夠擴大這點,使它成為你們想要創造的東西的核心嗎?

展現出色的團隊合作

這項創造力技巧不同於使團隊快樂,主要借鏡於運動領域。

在任何優異的團隊裡，隊員必須了解他們的角色，展現各自的長處，有組織，善溝通，有時必須步出本身的安適區，支援彼此，以取得成功。最重要的是，尤其是當需要創造力來解決問題時，他們必須信諾於彼此，有安全感。

美式足球傳奇教練文斯・隆巴迪（Vince Lombardi）說：「個人致力於團體的努力，才能使團隊、公司、社會或文明得以運作……，不論是在複雜的美式足球防守或是解決社會問題上，共同合作的人將會勝出。」

本書作者蘇在 2009 年時在游泳池巧遇巴塞隆納足球隊，該球隊來到英格蘭溫布利球場（Wembley Stadium）進行兩場友誼賽，那天是這兩場友誼賽之間的休息日。蘇正在一間飯店的游泳池游泳，人比平時多，而且除了她，其餘人全是男性。他們游泳，使用按摩池和三溫暖，跳入綠色的滾輪大垃圾箱裡。蘇詢問是怎麼一回事，他們告訴她，這是巴塞隆納第一隊，滾輪大垃圾箱裡裝滿了冰塊，所以他們可以來回浸泡在冰浴和三溫暖。（蘇可以和他們共用游泳池和按摩池，至於冰浴，她無法享用！）

有幸和一些世上最頂尖的足球員一起游泳，包括梅西（Lionel Messi）和伊涅斯塔（Andrés Iniesta）在內，蘇很想探索作為一支團隊，是什麼策略使得他們如此優異。

團隊中有一些世界最頂尖的球員，自然很有幫助，但是很多球隊有優異的個別球員，表現不如本世紀的巴塞隆納隊——堪稱世上最佳的足球隊之一。當然，吸引

最多注意的球員是他們的得分射手,但是使得球隊如此優異、把一切結合起來的球員是哈維(Xavi)和伊涅斯塔。他們總是能夠適時地接到傳球,並且立刻再把球傳出去,因此巴塞隆納的球員總是有傳球對象,整個球隊得以專注於持球,不會有球員必須大腳長傳,冀望有隊友能夠接住球。接球,傳球,示意接受傳球──這套系統堅實地運作,確保他們不會丟了持球。只要球不落入敵隊,他們就無法得分。若你是巔峰時代的巴塞隆納隊球員,總是會有隊友把球傳回給你,所以你不必一直持球,冒著球可能被敵隊的前鋒截走而射門得分的風險。**不是每一個球員都必須或應該成為得分射手,在工作場所也是一樣。**

在工作場所,總是存在一種危險:交易專家或推銷高手或備受矚目的領導人,看起來是決定成敗的唯一關鍵人物。但是,以團隊形式運作、總是有人持球或接收傳球的團隊,將會贏過依賴幾個明星表現者的團隊,不論那些明星有多出色。

巴塞隆納足球俱樂部前任主席霍安・拉波塔(Joan Laporta)這麼說:「足球靠的是集體,不過團結對巴塞隆納來說,比在任何其他地方都更為重要。」

在不確定的經濟環境中,在狗咬狗的環境中,創造一種人人都為團隊效力、隨時準備幫助同仁的文化更為重要。最輝煌時期的巴塞隆納足球隊所代表的那種心理安全感,能使每一家企業和每一個團隊受益。創造一個總是有人把球傳回來的環境,大家就會更勇於發揮創造力。

> **採取行動**
>
> 把團隊建構成總是有一張安全網支撐——文化或心理上的安全感,使團隊成員走出他們的安適區,勇於實驗與創新,這非常有助於創意的生成。若知道將會有不利後果,人們就比較不可能大膽發表意見了。所以,你應該制定生成點子的參與規則,包括對發表意見的人和挑戰現狀者給予肯定和獎勵。以彼此的點子和意見為基礎,而不是指出這些點子和意見哪裡錯了。

缺失了什麼?

行銷顧問亞當‧摩根(Adam Morgan)1999 年出版了《小魚吃大魚》(*Eating the Big Fish: How Challenger Brands Can Compete Against Brand Leaders*)一書,他在這本暢銷書中介紹的技巧之一是「明智的天真」(Intelligent Naivety),名稱複雜,其實就是「詢問很簡單的問題」——由於你太貼近一個事業,或是對相關領域懂得很多,以至於忘記詢問或不好意思詢問的問題。摩根說,這種技巧對於位居老二的企業很重要,因為它們需要一條新途徑。維珍航空公司(Virgin Atlantic)就是一個例子,在英國,它的大競爭者是英國的旗艦航空業者英國航空公司(British Airways)。就橫渡大西洋的航班而言,英國航空是舒適與服務的首選,維珍航空尋求在這兩個重要領域與英國航空勢均力敵,但該公司也創造班機上

娛樂創新，率先在所有艙等的座椅背後安裝螢幕，讓所有乘客能夠觀看他們自己選擇的娛樂節目。在之前，飛機上只有大螢幕，向所有人播放相同的影片，人們並未對此不滿意，但提供較小的螢幕和個人選擇，無聊的話，能夠換另一部影片，這為維珍航空提供了一項產品優勢。維珍航空藉由檢視缺失了什麼，在市場上創造出一個空間。

我們可以使用兩種技巧來發現缺失了什麼。第一種技巧是詢問「愚蠢」的問題，在多數會議中，人們盡可能避免這樣做。他們可能不懂某些行話，但又不想被認為在狀況外，他們可能把自己的年資和地位看得太重（在我們看來，會議中最重要的人不是那些擁有最重要頭銜的人，而是那些擁有最佳點子的人。）或者，他們可能太資淺，擔心詢問「愚蠢」的問題會干擾會議的流暢性，但其實那些問題往往是最有價值的。

廣告文案編寫人戴夫・卓特（Dave Trott）創作過許多傑出的廣告詞，例如：為百事可樂廣告撰寫的：「Lipsmackin' thirstquenchin' acetastin'... fastlivin' evergivin'... Pepsi」；為東芝（Toshiba）電視機廣告撰寫的：「Hello Tosh, gotta Toshiba」。卓特習慣要求他的團隊在聽取廣告客戶的產品細節簡報說明之前，先構思及提出廣告活動的點子。他這麼做，是想聽聽他的團隊從大眾觀點出發的想法，而非從專家觀點出發。他在他的著作中頌揚詢問「愚蠢問題」的好處，他說：

不懂裝懂，會使我們變得多麼站不住腳？在我看來，說「我不知道」需要很大的信心，但起碼我有機會搞清楚。而且，這麼做是誠實的行為，誠實總是強過撒謊。多數人的做法是保持沉默，期望大家認為我們是聰慧的。

當其他人都害怕詢問問題時，若你能勇於提問，其益處可能很大，可能解開沒人看到的真相，發現缺失的東西。

發現缺失了什麼的第二種技巧是開始詢問「為什麼？」，以及「為何不？」，持續詢問下去，直到發現缺失了什麼或獲得解答。

戴爾科技公司（Dell Technologies）創辦人、現為億萬富豪暨慈善家的麥克・戴爾（Michael Dell）告訴《創新者的DNA》（The Innovator's DNA）一書的三位作者，他當年之所以創立戴爾電腦，只是因為他思考一個問題：「為何一台電腦的價格是所有部件成本總和的五倍？」很顯然，就算把電腦價格降得遠遠更低，也仍有夠高的利潤，這也是為何我們現在正在使用戴爾筆記型電腦撰寫此書的原因。該書的三位作者——克雷頓・克里斯汀生（Clayton Christensen）、傑夫・戴爾（Jeff Dyer）及海爾・葛瑞格森（Hall Gregersen）——指出，多數經理人傾向詢問關於「如何」的問題：我們要如何加快流程？如何變得更有效率？思考「如何」的問題或許能夠驅動優化，但通常不會使你朝向新思維發展。詢問「為什麼？」及「為何不？」，能把你帶往未知的領域。

創新把你帶往藍海、未知的領域,而你的競爭者仍然留在傳統類別範式的紅海。任天堂(Nintendo)在2007年推出 Wii Fit 時,他們走出動作遊戲這個競爭領域,找到一個新客群——尋求健身的女性,以內含瑜伽及平衡板的遊戲迎合她們。本書作者是這款遊戲的早期購買者,直到這項產品問世前,我們並不知道我們缺失了什麼。任天堂當初是否詢問:「為何沒有更多女性購買我們的產品?」這個問題呢?如果是,這個問題和這款遊戲的推出階躍地改變了其事業的成功。

> **採取行動**
>
> 藉著詢問天真的問題、詢問愚蠢的問題、詢問「為什麼?」、「為什麼?」、「為何不?」,找出缺失了什麼。探索不存在競爭的領域,詢問:「若我們延伸至這個領域,可以獲得什麼?」

收割

就一本談創造力的書而言,「收割」可能令人覺得是一個奇怪的概念,但這可能是創造你的下一個成功專案的關鍵一步。就像農耕或園藝,你可以用這個時間慶祝你已經達成的,檢討什麼行得通和什麼行不通——這其實就是在去蕪存菁,就像在篩揀麥子(你想要的),去除糠(你不想要的)。

沉浸於已達成的成果、感受榮耀的同時，也是時候冷靜地檢視是什麼促成成功與進步，以及在下一個回合，你將減少或完全捨棄什麼。為了推進這個點子，你是否要繼續和原始團隊合作，抑或要換下一些團隊成員一陣子，以讓他們休息，並有機會檢討？農夫會讓農田輪流休耕，讓土壤復元後，再投入耕種。你的一些團隊同仁，是否也有此需要呢？或者，他們是否需要某種更新，例如訓練或指導，就像農田需要施肥，以使他們為下一回合做好準備？陽光是知識，土壤是成長的基礎，你的團隊和他們的能力就像土壤。這是一個奇怪的比喻，但極致地說，你們現在的收穫可以支撐部門歷經一段境況不是那麼好的時期。

　　收割時，我們應該慶祝已經達成的成果，縱使我們使用這時間來學習，為下一季做準備。組織或團隊領導人常忘了所有參與者需要某種肯定——可能是來自董事會的一封感謝函，或是額外休息一天，或是在他們個人的紀錄中表彰他們幫助執行專案。若你們公司傾向只表彰團隊領導人／專案經理人的話，這點尤其重要。成功是來自團隊合作，讚美應該團隊共享，否則你的同仁可能不會再那麼熱心擁抱下一個專案。

　　收割後——亦即把你們的新點子／方案成功推入市場後，你們能否保留一些收成，用來創造下一次的迭代？從目前的成果，是否有可以繼續推進的下一步？能夠再次使用來自這個專案的種子嗎？

　　或者，你們能夠使用無價值的糠作為一種資源嗎？

坦承我們在過程中犯的錯誤,能使我們停止一再犯相同的錯。我們全都知道那句名言:「重複做相同的事,卻期望出現不同的結果」,但這是一個很容易掉入的陷阱。你可以歸咎於時機、分心或任何其他的外部考量,但考慮非你能掌控的事造成的影響,倒是一項很好的學習。若你的產品未能推出是因為法規的改變,你是否需要加入一個可能預測到這種變化的產業組織?或者,考慮與監管當局往來,使你能及早得知可能發生這種變化?你是否知道你們的一些關鍵元件多容易受到天氣變化、運輸或其他問題的影響?在收穫的安慰中,思考哪些領域可能有助於防止下一個專案脫軌。比起坐在行不通的廢墟中,在出色執行的優異點子的榮耀中做這件事要明顯更容易得多了。**透過這種收穫的喜悅,你們將獲得洞察和力量,繼續執行下一個優異的點子或提案。運用時間收割,獲取你們的一切努力帶來的成果及益處,這是你們應得的。**

採取行動

丟棄麥糠,慶祝你們的成就,檢討你們學到的東西(好與壞),留下最好的種子給下一個專案。讓這件事成為你們團隊工作節奏的一部分,建立一個分享學習的經常性論壇。

認真傾聽

根據溝通動力的性格分類法，工作上的溝通有四大類型，多數人屬於其中一個類型。四種類型當中的兩種傾向告訴別人去做什麼：這些人是驅動型（driver），聚焦於完成事情；以及表達型（expressive），聚焦於人員管理。其餘兩種類型是分析型（analytical）及和藹型（amiable），分析型聚焦於工作，和藹型聚焦於人，兩者傾向詢問問題，而不是命令或吩咐。

一個良好的工作場所有這四種風格的人，但許多含有這四種風格的工作場所也有一個問題：驅動型和表達型溝通風格的人傾向不傾聽他人。喜愛告訴別人去做什麼事情的人，通常沒有太多時間或精力去做良好的傾聽。

有時候，為了對一個持續存在的問題得出創意解方，認真傾聽正是你需要做的事。

莎莉領導一支團隊為一個大型多國籍企業客戶提供分析資料解決方案，根據合約，該團隊的獎金取決於客戶對他們的服務水準評分（滿分為 5 分）。第一次年度評量，看到她的團隊只得了 2.3 分，她非常震驚，也很困惑。她督導團隊工作，認為水準很高。她立刻要求面對面討論這樣令人失望的評分，她的團隊、公司及收入都會明顯蒙受損失。

她來到客戶公司，該公司的總經理把她帶到會議室，為她供應茶和糕點。這位總經理首先說，莎莉的團隊整體工作表現很好，不僅為他的團隊帶來革新，而且

他們已經看到根據建議去做之後,事業有所改善。他接著說:「妳大概納悶為何評分如此低吧?坦白說,妳的團隊令我的團隊感到很不舒服。他們令我的團隊人員覺得他們對自己的工作沒有代理與權力,這明顯影響到我們團隊的文化與快樂感。」

莎莉震驚極了,她完全沒有料到這個。事實上,她的團隊的工作品質受到賞識,這非常有意義,但也非常沒價值,因為評分是對方自主決定的,而這位總經理把他的團隊人員的快樂擺在優先。(這位總經理大概是一位和藹型,而莎莉是一位驅動型。)

當莎莉認真思考這個問題以及整年的工作時,她認知到她忽視的訊號。當工作只獲得普通反應時,她鼓勵她的團隊加倍做得更詳細、更激進。她沒有正確解讀訊號,她沒有傾聽實際問題。

線索一直都在,但未必很明顯。 莎莉考慮這點時,認知到合約期間的適切行動並不是對資料作出更加的努力,而是花更多時間傾聽客戶方人員對莎莉團隊的工作的看法,以判斷如何更好的推銷,使對方的整個團隊真正感到適意。

《與成功有約:高效能人士的七個習慣》(*The 7 Habits of Highly Effective People*)一書作者史蒂芬・柯維(Steven R. Covey)認為,多數人未能認真傾聽。我們可能忽視他人,因為他們對我們說的話可能不是我們想聽的,我們可能假裝傾聽,不時發出一聲「嗯」,讓對方認為我們有在聽。有時候,我們選擇性地只聽進我們

想聽的話。縱使我們有在注意對方說什麼,可能仍然沒有確實領會實情,尤其是當對方說他們很好、沒問題時。〔在暢銷系列小說《三松鎮殺人事件》(*Three Pines*)中,作者露易絲‧潘妮(Louise Penny)創造「F.I.N.E」一詞,意指 Fucked up(一團糟)、Insecure(侷促不安)、Neurotic(神經兮兮)、Egotistical(總想著自己),所以其實一點也不好。〕

柯維闡釋以同理心傾聽的藝術,不只是聽表面上說的,要讓對方觀點的實情與情緒浮現。

若你認真傾聽,就會浮現新的想法。以莎莉的例子來說,新想法就是改變她的團隊的工作方式,確保他們向客戶解釋每一個步驟,幫助他們構思出新的做事方式,而不是只告訴他們要去做什麼。在下一次的評量中,她的團隊獲得了 4.75 分。

採取行動

練習同理心傾聽。為了能夠正確傾聽,先清空自己。有耐心,進入對方的參照架構裡。別獨自矯正事情,務必溝通好,和團隊一起修正。若你天生是個矯正者,就是會特別注意到問題,在你的筆記本或數位工具上為自己寫個提醒:停止矯正,繼續傾聽。

以錯的順序做事

開頭,中間,終點,這是做事的方式,對吧?很有條理,循序,很有道理。但如果你試圖讓改變發生,這種循序的方式可能相當無助益。

或許可以考慮從終點著手,這可以使你擺脫初始的失足點,因為初始時,你不知道從何著手。或許,先決定終點是什麼模樣及什麼感覺,會是一個更好的運作點。我們全都熟悉一種情況:在「改善」之前,終端使用者實際上花更多時間做某件事,因為沒有人考慮到實際的執行部分,改善團隊中沒有人想到去諮詢終端使用者,他們只是喜愛一個點子,然後就去做了。在未諮詢終端使用者之下,他們推出的「改善」涉及詢問顧客的獨特身份代號、他們的難忘字詞,以及另一個認證點,但沒有人想到要告訴消費者,他們在執行時將需要這些資訊,於是前線面對顧客的團隊成員往往必須等待顧客找到所有這些資訊,或是對他們本身的內部流程進行一長串的手動操作。結果,這導致顧客惱怒,困擾前線團隊成員,也導致更長的交易時間。「要是當初有人詢問我們就好了」,一位前線團隊成員說,這樣就不會那麼困擾顧客,也不會有那麼多前線團隊成員成為顧客惱怒的發洩對象,感覺是他們做得不好。改善團隊自認為的改善,其實稱不上改善。

從開頭著手的另一個問題是,你在點子提出之時評估它們,這聽起來很合理,但你並未整體地比較所有點

子。這使你面臨了一個風險：你們的會議進行方式可能壓制了你們的最佳點子。舉例來說，午餐時間快到了，會議已經開了三個多小時，與會者開始躁動且飢腸轆轆。有人提出一項建議，乍看之下是一個解答，所以通過了。因為在過去三個多小時，所有人已經歷經了 15 個或更多的其他點子，這是一個結束會議、去做其他事的好機會。比起可能因為無聊或想吃酪梨雞肉三明治而急於決定一個「勝出」的點子，遠遠更好的做法是：表決選出最好的三或五個點子，之後再回頭來討論這些點子。這麼一來，就會由其他人、而非點子提出者在流程的下一階段進一步探索，分析將會納入較不偏頗的觀點。你們想要通過的是最佳點子，而不是由於西蒙喊了太久、致使其他人為了讓他閉嘴而屈服通過的那個點子。

從中間著手，可以讓你試著假設你們已經獲得一個勝出的點子或流程，你們正在規劃如何在全組織實行。歷史有很多這樣的例子：軍隊橫掃戰場，最終卻失敗收場，因為補給線應付不來。從中間著手，你可以充分分析你們公司和團隊能夠應付變革的能力容量。若你們一年當中最忙碌的時間是第四季，那就別規劃讓一套新的作業系統從翌年的 1 月 1 日啟動運行，固然「新年新開始」有好寓意，但試圖妥善訓練忙碌的團隊，並在新年重新啟動系統而不會出現故障或問題，那是妄想。他們可能離開工作崗位去渡過耶誕節假期，無法記得密碼，而且按照常規，下午是觀看影片和吃巧克力的時間。等假期過後，他們返回工作崗位，再訓練他們，讓他們恢

復工作精神,那麼 2 月 1 日是啟動新作業系統的不錯時間,那幾週真的可以產生明顯差別。

若你從終點著手,那就站在你們顧客的立場,思考:若這個點子行得通的話,我們希望顧客對我們有何感覺?有哪三件事,可以使同仁的工作更輕鬆、更有趣或更有成就感?若我們作出改變,成功會是什麼模樣?**線性並非總是答案,甚至可能是你的問題。**

> **採取行動**
>
> 試試看,不以正確順序做事,從終點或中間著手?這或許正是你需要的解方,錯的做事順序可能才是正確的。

你的最大對手會做什麼?

喔,當然啦,你沒有敵人,那會意味你們公司落入影集《冰與火之歌:權力遊戲》(Game of Thrones)或《繼承之戰》的處境。若你喜歡前者的裝扮,那還不錯;後者中的那些私人飛機對氣候不友善。

像你的事業對手那樣思考,這是非常有益於創造力的一種方法。 你必須清楚了解你的對手,並且能夠預測他們實際上會做什麼,而不是臆測你站在他們的立場的話,你會做什麼。這項洞察來自休斯‧柯尼(Hugh Courtney)、約翰‧霍恩(John T. Horn)與賈顏提‧

卡爾（Jayanti Kar）三位顧問發表於《麥肯錫季刊》（*McKinsey Quarterly*）上的一篇文章。他們指出，歷史告訴我們，我們生活在互依時代，你們公司的生存可能仰賴競爭者使整個市場維持下去的前景，他們的購併途徑跟你的購併途徑同等重要。

思考你的競爭者會做什麼，你可以在市場中探索新點子，因為他們可能有不同的產品發展方法，或是瞄準的是稍微不同的市場區隔。最重要的是，記得他們的團隊結構並不完全相同於你們團隊，所以你一開始可以先思考，你們組織的運作方式，在組織和個人層級如何不同於你們的競爭對手的運作方式？像你的競爭對手那樣思考，想想最佳下一步應該是什麼、如何實現？這個最佳下一步是改進現有產品，或者是一個全新的創意點子？若他們真的採行這一步，你們公司會怎麼做？

在個人層級，誰作出這些決策，他們的動因是什麼？什麼因素影響他們的決策？他們的事業目前處於長期獎勵方案的末尾階段嗎？如果是的話，他們可能較不傾向做任何新的或激進的事，因為這可能會影響他們的支出。或者，他們是新人，亟於在公司打出名號？知道什麼因素左右他們的抉擇，你會發現，**這個方法——成為你自己的最大對手——可以提供十分重要的競爭洞察，幫助你作出更好的決策。**我們太容易對任何市場上接下來可能發生的情形作出假定，但是在評估市場發展時，管理高層不該使用憑藉經驗的猜測，那些假設需要有根據。

在《麥肯錫季刊》的那篇文章中，作者們討論速食業對相同的疑問採取的兩種不同方法。面對肥胖危機與社會疑慮等現實，市場以非常不同的兩種方法作出反應。麥當勞改變菜單，現在供應蘋果切片、胡蘿蔔及其他較健康的選項。而截至兩位作者撰寫本書之際，漢堡王（Burger King）並未跟進這條路，而是用有點俏皮放肆、政治不正確的廣告來推銷高卡路里餐點。身為較大的連鎖商家，麥當勞採行的方法反映它的定位是肥胖疑慮的避雷針；身為較小的挑戰者品牌，漢堡王看到這是一個挑選健康意識較輕的消費者市場區隔的機會。

當你在創意生成的過程中，扮演你的最大對手的角色時，思考若他們擁有你們的資源和人才，他們會做什麼？他們不可能在乎你的這種思維：「喔，但是我們不能改變那個，因為我們一直都是這樣做的。」他們也不在乎可能會激怒誰或者必須安撫誰，因為他們是你的競爭對手，戰勝你們是他們的工作。你的想法應該要更像他們，思考你們能夠利用什麼、需要保護什麼，以及有什麼技能、人才和收購案可能使你們公司變得更好？**這種角色扮演的好處是，使你非常深入地了解你的競爭對手，然後你就可以運用相關洞察，確保你搶先產生最佳點子及創新。**

> **採取行動**
>
> 定義誰是你的事業或專案的對手。思考他們為何會對你構成挑戰,你如何在他們的下個行動之前搶先行動,或者比他們想得更高明?

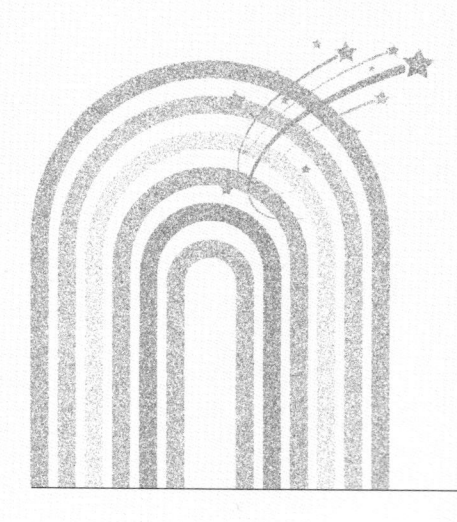

創意爆發的一年　A YEAR OF CREATIVITY

第 5 章　秋季——衰落、興起、革命

為中程的成功而組織

快速出名

建立社群

使團隊快樂

寬宏慷慨

建立橋梁

改善人們的生活

展現出色的團隊合作

缺失了什麼？

收割

認真傾聽

以錯的順序做事

你的最大對手會做什麼？

220

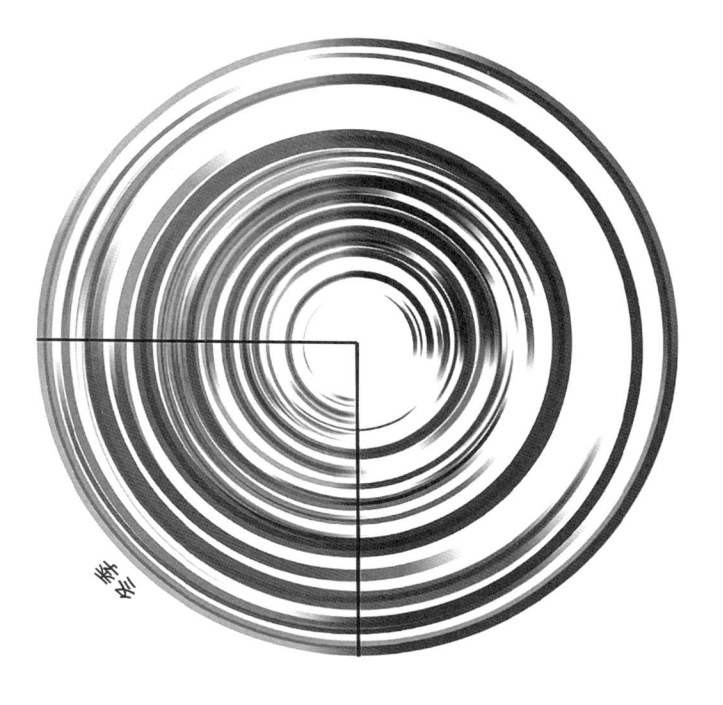

創意爆發的一年　A YEAR OF CREATIVITY

第 6 章

冬季——轉型

　　有時候，最難解決的問題需要創意方法的完全轉型，例如：當沒有綠芽，當基地堅硬，當黑暗籠罩，當樂觀消失，當事業受到新競爭者或新平台的威脅而垂死時。

　　網際網路創業家瑪莎‧萊恩－福克斯（Martha Lane-Fox）2010 年受託撰寫一份有關於英國政府的數位架構狀態的報告。她在這份報告中指責英國政府的數位架構不堪使用。在諸多其他批評中，她指出：「政府透過數百個不同的網站發表數百萬的網頁，這些網站大多仍然在部門內以封閉塔模式運作。這種各自為政的情況，導致大量功能與技術的重疊，也意味著整體的使用者體驗高度不一致。」她的結論是，應該設立一個中央機構，專責提供一個實用、簡化而有效率、旨在服務英國民眾的政府網站。

　　英國政府遵照建議，成立一個隸屬內閣辦公室的政府數位服務團（Government Digital Service），這個機構的旅程是激進的創意改造的案例。

　　瑪莎在 2010 年說英國政府的網站效用差，但是到

了 2016 年,聯合國評比英國政府的單一網域 GOV.UK 為舉世最佳。大量的政府交易變得簡化且預設為數位化,當時英國內閣辦公室大臣麥浩德(Francis Maude)寫道:「以往不會夢想在政府中工作的人紛紛加入行列,驕傲於成為公僕……我們的效率方案在五年間節省超過 500 億英鎊。」

政府數位服務團的領導人安德魯・葛林納威(Andrew Greenaway)、班・泰瑞特(Ben Terrett)、麥克・布拉肯(Mike Bracken)以及湯姆・路斯摩爾(Tom Loosemore),在他們的合著《大規模數位轉型》(*Digital Transformation at Scale: Why the Strategy Is Delivery*)中對這段期間有精采的記述。他們在書中指出,他們訂定的原則是聚焦於速度、敏捷及適切的新技術,對垂死狀態大刀闊斧,創造確實的變革。

別把新技術安裝於一個封閉的部門,新技術必須擺在你所做的事情的核心位置,而且你必須讓它改變你所做的每一件事。亨利・福特(Henry Ford)曾說:「若我問人們想要什麼,他們會說更快的馬」,這是經常被引用的觀察心得,迄今仍為真理。困頓於變革的組織往往愛談轉型,卻是光說不練。

別使用緩慢的資料,開放擁抱進步與挫折,並且快速這麼做,進行評量,即時回報(別拖延到更後面的回顧檢討),並且根據結果,作出修改。太多組織和團隊坐擁大量資料,卻未能善用資料來做任何積極有益的事,只是對資料進行一番把玩,表現名義上的進步。

別隨波逐流，人云亦云。英國的政府數位服務團成立時，人人的願望清單上都有行動應用程式這一項，每個大臣都想要他們的部門有自己的行動應用程式，供應商排隊推銷昂貴的行動應用程式建造計畫。政府數位服務團拒絕了大多數的提議，系統還未臻至於容納它們，當時它們只是聽起來像是人們想要擁有的最新流行。太多領導人花時間談論自家公司擁抱最新的數位流行，但在此同時，他們的團隊的電腦每天得花上 20 分鐘才能開始運行，浪費員工大量的時間。在採用最新流行之前，你應該先解決這類問題。

要有使命，且使命必須務實，能夠以視線可及的具體資料來達成（例如，不是一年，而是幾個月或幾週內達成。）政府數位服務團的最終目標包括：使政府轉型，改善公共服務，節省數百億元，但他們的當即目標是設立新的跨政府網站：GOV.UK。你需要一個能盡快達成的目標，以建立動能。

闡明你將如何做，使它透明化，讓所有人清楚，可應用於他們的工作。政府數位服務團一開始就建立 10 個設計原則：從使用者的需求著手；減少使用者需要做的事；用資料來設計；努力使它變得簡單；迭代，再迭代；適用於所有人；了解背景脈絡；建造數位服務，而非建造網站；做到一致性，但不是齊一化；開放以獲得改進。

政府數位服務團是英國政府內部的一股破壞性創新力量，因此儘管在它的成功變得明顯時，它也面臨了本身的問題。它視其使命為顛覆現狀，為了成功達成這

個使命,必須有一位高階政治人物作為利害關係人,這就是麥浩德的角色——在通力合作和辦公室政治為範式的文化中,倡議及支持這顛覆現狀的有利結果。它也需要具有組織數位轉型經驗、本身曾歷經徹底變革的領導人,麥克‧布拉肯曾在《衛報》領導數位革命,湯姆‧路斯摩爾此前在 BBC 負責數位策略。

對創造力轉型而言,最重要的莫過於正確的文化。政府數位服務團從一開始就是新的行為方式:站立會議,發言者若使用首字母縮略字,將會遭到詰問;用便利貼把要點張貼於牆上,形成當週的計畫;設立一個公用的「Hello World」部落格以頌揚主動精神;能夠自在於一路解決問題,接受勝出的論點,從一開始就不期望知道所有答案。他們思考的問題是:「這週我們可以做什麼,使境況變得比上週好?」,而不是試圖去做達不到的事。

當變革看起來巨大而難以做到時,不妨把它分塊。辨識障礙,思考:「我們可以如何使這個變得更好?」「我們可以如何」這幾個字,能為黑暗帶來第一道曙光。設法取得一些快速勝利,使用能夠反映實際進展的指標來彰顯這些快速勝利(這些指標可能不同於你們事業使用的標準指標)。講述你們的目的是創造變革以改善境況,並且分享一些真實故事。別低估有益的衝突及質疑能帶來的好處,誠如政府數位服務團的這些作者所言:「別只是打破規則,也要發明新規則,因為可能很多人已經受夠了舊規則。」

當你感覺冬季的陰暗已經紮根、揮之不去時,不妨

參考運用接下來分享的 13 種創造力技巧。

連根拔起與摧毀

或許，看到這個段落標題，你難以置信，又仔細再看一眼。你納悶：「什麼？我們對創造力花了這麼多時間和方法，你現在告訴我，要把它們全都毀棄？」不過，你大概也想到，本書中提供多次的園藝類比，因此你認知到「連根拔起與摧毀」確實有道理，不僅對你的庭園如此，對你發揮創造力亦然。

有時候，在庭園裡，可能有仍然開花、未被蝸牛消滅、但未能茁壯的植物，它們變得有點細長，或是不再如以往開那麼多花。所以，最好的做法是把它們連根拔起，釋放空間給新生植物。我們並不是建議若負責大客戶的西蒙看起來有點不大好，應該把他撤出這項職務，而是建議你仔細檢視你的一些現行工作方式，作出決策──是否該是更換他們的時候了？或者，把他們調至另一個或許能讓他們表現得更好的職務？就西蒙而言，也許是調至一個新客戶群或要發展的一項產品。

若只是成效逐漸降低，我們很容易讓一切繼續。我們說服自己相信，這個情況只是暫時性的，將會恢復正常（不管這意味什麼）。於是，歷經時日，我們不知不覺陷入以往工作方式的較差版本，心想：既然以前都可以接受了，應該是禁得起時間的考驗。但是，一個點子或流程一旦開始腐爛，就不會二度開花了。企業若只

看過去，就無以為繼。因此，我們建議你把那些工作方式連根拔起，若可以的話，對新長出的植物——剛出爐或仍然能開花的點子——給予多一點的照料和支持。那些不開花的東西，必須永久地移除；那些不想改變的同仁令人苦惱，帶來挫折。想必你們全都聽過這樣的話：「舊制度沒什麼問題啊，為何我們必須改成這種做事方式？」當有一些人不明白為何必須改變他們的工作生活的一小部分時，就很難驅動變革。多數人會覺得一成不變是無聊的事，對吧？但有一些同事就是喜歡這種一切照舊。這就是你需要摧毀的部分，你不能讓新的工作方式和舊的工作方式並行，那就像把一株新鮮的植物種在有問題的植物旁邊，這會有交叉汙染的風險。

若有一個必須移除的流程，你必須把它連根拔起。（固然，這可能會令不喜歡改變、而且很擅長她的工作的瑪麗有點難過，但是為了瑪麗而讓整個團隊無法前進，這沒道理。）你成為新點子和作業方式的執行人，這可能令你有點為難。但若你試圖照顧涉及的每一個人和每一件事，你就無法推進至你必須進入的下一階段。當然，你使用理由、說服及魅力去解釋為何你必須連根拔起和摧毀，你提出具有說服力的論點，說明需要一個全新的開始，不能有舊模式的任何殘餘阻礙進步。**連根拔起讓你的所有同仁有一個新的開始，讓他們有新的機會、有成長的可能性，為何不迎接它能帶來的情景與興奮呢？**

> **採取行動**
>
> 若你害怕在必要時採取一些激進的行動,你將無法擁有一個茁壯的組織。只因為人們習慣於舊模式就繼續下去,這可能意味著你摧毀了一個培養新昌盛文化的機會。若需要作出困難的決定,那就作,並且堅持下去,讓新點子和新的工作方式有機會執行並展現成果。召集整個團隊,詢問他們,在他們目前做的事情當中,有哪些感覺像是在浪費時間或是可以用更好的方式去做,然後堅定地採取行動。

不留回頭路

音樂人、作曲家及音樂製作人布萊恩・伊諾(Brian Eno)參與過許多著名藝人及樂團發行的唱片,包括 U2 樂團、臉部特寫樂團(Talking Heads)、戴蒙・亞邦(Damon Albarn)。還記得羅西音樂樂團(Roxy Music)嗎?伊諾是其共同創辦人,也是該樂團許多暢銷曲的合成器彈奏手。他是氛圍音樂領域的創新者,有些人說這是他以 1978 年發行的唱片《Ambient 1: Music for Airports》發明出來的一個音樂類別。

伊諾在 1975 年出版「迂迴策略」(Oblique Strategies),這是一套卡片,用於創作工作室,或是當你在創作過程中感覺卡住時。這套副標為「上百個值得的困境」(Over 100 worthwhile dilemmas)的卡片,由伊諾和他的朋友彼得・施密特(Peter Schmidt)合著,至今仍在

伊諾的網站上銷售。這些卡片上頭只有幾個字，全憑你視自己的境況去詮釋它們。這套「迂迴策略」啟發了本書介紹的一些技巧，我們推薦你也可以研究看看。

這套「迂迴策略」有一項技巧是：不留回頭路。起碼，這是我們對於伊諾的建議的詮釋。

史丹・李（Stan Lee）是蜘蛛人（Spider-Man）、X戰警（X-Men）、雷神索爾（Thor）、綠巨人浩克（The Incredible Hulk）、鋼鐵人（Iron Man）、驚奇4超人（The Fantastic Four）、復仇者聯盟（The Avengers）、蟻人與黃蜂女（Ant-Man and The Wasp）、尼克・福瑞（Nick Fury）等等家喻戶曉的漫威角色的共同創作者。他出生於1922年，17歲起就在及時漫畫出版公司（Timely Comics，漫威漫畫出版公司的前名）當助理。他的職涯的有趣點出現於1960年代初期，當時誕生了現今家喻戶曉的許多角色。

在這有趣點出現之前，漫畫是高度一次性的東西，針對的客群主要是七歲男孩，這是當時標準的、有利可圖的事業模式。史丹・李花了多年時間創作出它們，但並不是很喜愛它們或相信它們。在這個事業領域，沒有人想要史丹・李真正想撰寫的漫畫——有缺陷的人物，遠非典型的美國式完美英雄。也沒有人想要舉世無雙的傑克・柯比（Jack Kirby）真正想要畫的那種漫畫，他之前因為不遵守DC漫畫出版公司的傳統版本而被開除。

史丹覺得他受夠了，他瀕臨辭去這愈來愈無聊、令他厭煩的工作。他內心深處仍然想著他要寫偉大的美國

小説，這是他從童年時期就懷抱的夢想。（他的確寫出了偉大的人類故事，只不過不是小説的形式。）

他的太太告訴他：「若你無論如何都想辭職，那你何不先創作你真正想創作的漫畫呢？能發生什麼最糟的情形？他們頂多就是開除你，反正你都打算辭職了。」

於是，史丹燒掉他的橋梁，不留回頭路。他開發出與眾不同的漫畫系列，打破既有漫畫類型和事業模式的所有規則。他和柯比共同創作的第一個漫畫人物是驚奇4超人，針對的客群不是七歲小孩，而是任何曾經受苦、掙扎、需要希望的人。緊接著是蜘蛛人，這個人物因為自利（試圖利用他的力量圖謀財務利益）而導致他的叔叔被殺害，他雖然有超能力，但也有內疚、悔恨自責以及青少年的衝動，他不是一個典型的美式英雄。

我們兩個特別喜愛的一個漫威系列是《X戰警：黑鳳凰》（*X-Men: The Dark Phoenix Saga*），這是我們看過對於青少女的混亂掙扎的最佳描述之一。同樣地，主角遠遠不完美，其他人物也都有缺點及犯錯，後果嚴重，隊友們彼此爭鬥，後來才團結起來，對抗一個共同的敵人。

有時候，你可能變得很務實地對待你的工作，你可能很容易去猜測客戶想要什麼，而不是去質疑和挑戰簡報內容，或是把創造力的界限往外推。只要看看周遭多數的廣告和宣傳，就能看到一大堆的大同小異。太常見的情況是，一個產業的所有廣告客戶採行相同的行銷路徑。看看那些汽車的電視廣告，影片中，車子行駛於山路或都市景觀，唯一的區別特徵是最終出現的品牌標

誌。廣告公司的職責是為客戶創造競爭優勢,若你總是從眾,就無法創造競爭優勢。

> **採取行動**
>
> 有時候,你應該隨波逐流;有時候(這種時候比多數人認為的要多),你應該燒掉你的橋梁,不留回頭路。如同史丹・李喜歡說的:「精益求精!」若你有一個夢想,是什麼阻止你追求那個夢想?誰阻止你?回想這個,考慮這個,往前推進,不顧一切。

走到外面

走到外面是一種轉變,一種轉型,當沒有創意靈感時,這也是一種解方。走到外面可能是一個新冒險的開始。

走到外面的途徑當然不止一條:你可以穿過一扇門,步出你的社交或工作氣泡之外,進入自然界,走出你的安適區,體驗一個過渡性質的閾限空間(liminal space),例如走廊、大廳等等。

最被許多英國人記得的穿過一條門徑的例子,是他們在童年時觀看的科幻電視劇《超時空奇俠》(*Doctor Who*),當劇中主角「博士」步出他的時空機器「塔迪斯」(Tardis)時,一段新的冒險開始,當然,在此之前,有塔迪斯降落時發出的聲音。〔就算有外星人戴立

克（Daleks）的攻擊，博士和塔迪斯最終總是降落在現代的英國，有點令人失望和不解。不過，等你更年長時，你就能理解了，因為製作預算的關係啦。〕

穿過一條門徑，也可以象徵所有人以新方式看待事情。內部是控管及組織，外面可能是混亂、任意；內部是已知，外面是未知。

在工作上，我們全都需要步出辦公室氣泡。若你工作的往來對象是大眾，好奇與探索其他人的生活將對你有益。廣告公司氣泡和創意工作者被指責製作出來的作品針對的是相似於他們的人和SOHO族，這不是沒有道理的。創意獎往往展現的是取悅同行的作品，而非令大眾興奮的作品。真正優異的作品應該貼近消費者的生活，了解他們真正關心什麼。

在大城市的辦公室氣泡中，你無法做到這個，你必須深入你瞄準的客群的生活，你必須走出辦公室，到他們常去的地方，到他們生活的地方，讓自己沉浸在他們關心的事物裡。比起待在辦公室，商業街道將讓你對許多產品的購買者有更多的了解，那些主張回到辦公室的人必須注意，比起在會議室裡寫便利貼，花時間在一間市郊餐廳或購物中心，有可能會獲得更多洞察和靈感。是的，團隊需要集合，但未必要在市中心的辦公室裡，走出你們平時的辦公空間。

走出戶外，接觸一些大自然，研究已經證明綠色空間對心理健康的影響。帶著你面臨的挑戰或需要創意解方的問題，走到外面，坐在自然界，你應該會發現，外

面的自然界幫助你的思考流暢。

走出你的安適區，這不一定需要你做得極端或有壓力，但這是成長的必要。心理學家對於健康的發展與成長有一個名詞，蘇聯心理學家李維・維高斯基（Lev Vygotsky）提出「潛在發展區」（zone of proximal development, ZPD）的概念，指的是一個學習者在未獲得支援之下能取得的學習和獲得支援之下能取得的學習這兩者之間的落差。換言之，你不需要特別勇敢，不需要跳傘，但你可以尋求同事和導師幫助你挑戰自己，進入適度的不安適區。超越你的現有能力，將會有很大的收穫。

你將會知道你自己的界限。對一些人而言，這指的是挑戰他們的保守心態；對其他人而言，這可能指的是更換工作或夥伴，學習一種新技能或嗜好或結交新朋友。

走出你所在的空間，穿過一條門徑或一個入口——一個閾限空間，這個動作本身在一些故事中被譽為具有神奇力量；那是一種過渡時刻，從一個狀態進入另一個狀態的通道。美國方濟會修道士暨作家理查・羅爾（Richard Rohr）這麼形容閾限空間：「我們處於模稜兩可，介於熟悉與完全未知之間。我們已經離開舊世界，但是對於新的存在還沒有把握。那是一個能夠展開全新感受的好地方。」

閾限空間可能令人感到不自在，但很多人相信，在完全揮別過去之前，你無法重新開始，不論是工作、關係或自我照顧皆然。**在閾限空間的空無中，你可以重新**

打造一個新版本的自己，這當然是展現創造力的最大行動之一。

> **採取行動**
>
> 你平常在哪裡出沒？哪裡是你的安適區？若你感覺卡卡、好像被困住了，可以帶自己和團隊去一個不同的地方，奇怪的地方；走到外面。

實現長期成功

薩滿教是最古老的信仰系統之一，其信仰有強烈的家庭與祖先感和萬物有靈論，認為每一個自然物都有靈魂，因此崇敬環境是其核心行為。一位奈特西里克族（Netsilik）女性娜倫吉雅克（Nalungiaq）這麼說：

人類不會因為疾病或其他意外殺死肉身就結束存在，我們繼續存在。

伴隨這種觀點而來的是對仍然存在周遭的祖先的靈魂的責任，以及對後代和他們的環境的長期觀，從過去到未來，萬古流傳。

拿這相較於驅動許多職業的即期和短期成果。你的上司為你訂定了績效目標，並且有每月或每季考核的關鍵績效指標嗎？只有在接下來 12 個月達成或超越這些目標，你才能獲得獎勵或獎金嗎？你正在處理的簡報聚

焦於即期報酬,抑或有長期目標?

檢視許多大企業的年報,你會發現再度信諾致力於長期成功。一些執行長現在考慮的不僅是三倍、四倍、甚至是五倍的獲利作為優先要務,為了追求這樣的長期績效,不能只聚焦於獲利(以及利害關係人管理),也要關注人、地球環境、道德及公平性(亦即對整個社會的公平)。

在我們的前著《歸屬感》中有很多證據顯示,始於人、道德及公平性,將為你驅動中期和長期的獲利。當然啦,不能只看你的主管或公司怎麼說,也要看是什麼激勵你每天起床,把最好的你帶到工作上。有歸屬感很重要;此外,你也必須考慮你個人的遺贈。

寫過多本暢銷書的已逝哈佛大學學者、企業顧問、破壞性創新理論的創作者克雷頓・克里斯汀生寫道:

> 在最後一天的課堂上,我請我的學生用理論的透鏡檢視自身,為下列三個問題找到具有說服力的答案:第一,我如何確定我將在我的職業發展中感到快樂?第二,我如何確定我和我的配偶及我的家人之間的關係,將成為一個持久的快樂泉源?第三,我如何確定我將不會吃牢飯?雖然最後一個問題聽起來不是什麼值得憂慮的事,其實不然。跟我同年獲得羅德獎學金的 32 人當中有兩人吃過牢飯,因安隆(Enron)弊案入獄的傑夫・史基林(Jeff Skilling)是我在哈佛商學院的同學。這些都是好人,但他們人生中的某件事帶他們走上錯誤方向……。為第一個問題——如何確定我們在職業發展中感到快樂——提供優異洞察的

理論之一，來自心理學家及行為科學家腓特烈‧赫茲柏格（Frederick Herzberg）。他說，我們人生中的強大激勵因子並不是金錢，而是學習機會、責任增長、貢獻於他人、成就被肯定。

面臨任何挑戰時，不論簡報上顯得多麼短期，試著看得更大、更長期、更廣，這有助於你得出真正有創意、真正滿意的解決方案。

> **採取行動**
>
> 採取長期觀，思考：這如何實現長期的成功？像薩滿那樣思考，考慮你的品牌工作為更廣大的世界和下一代提供什麼遺贈。

如何使人員想要做更多？

一些圈子似乎有一個信念：只有管理高層向前看，致力於追求下個層次的成功，熱切於領導公司或他們掌管的公司部分去做更大、更好的事，其餘員工則像綿羊一樣，等著這些懂最多、能夠看到光明未來的英雄發號施令。這種縮減思維是一種零和遊戲；其一，它對經理人施加巨大壓力，他們必須顯得無所不知，對前路很有把握。其實，若你擔任高階職務，在現今變化不斷的世界，很難知道與預料下個月以後的事。再者，若你是那個被視為要能夠應付大變化、還要能夠舉辦一場所有人

都滿意且難忘的夏日派對，喔，你還得達成你的利潤目標，營運支出或資本支出不能夠超出預算，還要撰寫向董事會的報告，那你會很孤獨。

太多公司把員工視為烏合之眾，不關切他們周遭發生的事。其實，他們可以成為最佳品牌大使、你們的系統毛病的接觸點，可以驅動那些不是天天在前線工作的人可能想不到的必要改變。重點是：如何使我們的團隊想要做更多？

首先，溝通必須清楚且包容。當某人說：「這是一個令人興奮的機會」，有些人會害怕裁員或不得要領的改組，他們告訴自己：「這跟我沒關係。」當要求團隊發揮創意時，必須釐清要解決的問題，說明為何要解決這些問題，以及對他們有何益處。若人們看不出對他們有何益處，就很容易覺得與他們無關，對任何新行動方案都漠不關心。做好溝通準備，你可能需要解釋很多關於這為何重要、以及你們團隊在這新的迭代中能夠扮演的角色等等細節。

溝通時，使用他們的語言。多數人不會說「終端使用者」，他們會說「顧客」或「客戶」。說明這些改變將如何改善他們和客戶的互動，例如更快，更有競爭力，更容易交付。闡釋這件事跟他們的關係，以及跟公司的關係。最能確保粉碎未來進一步參與的，莫過於要求你的團隊在他們的平常職務角色外作出額外努力，卻沒能獲得任何的肯定。我們必須以有意義的形式去讚揚為創意解決問題作出的所有努力。凡事都有一個開始，對進

展提供反饋意見與讚賞，這群人會想要做得更好、把事情達成。這麼做的另一個好處是，有助於鼓勵來自整個組織的更廣大參與。跟一群人一起，受信賴於找出新點子，獲得有關於進展的釐清，作出的努力獲得感謝，這遠遠更為有趣，勝過感覺所有那些專案只不過是隱含你不夠優秀而無法成功的一種新方式，即使發生最輕微的錯誤也咎責於你，儘管不再繼續推進專案其實是更大的過程檢討後作出的決定。有些人需要鼓起很大的勇氣讓自己參與新點子的生成工作，請尊重他們的敏感，這不僅是一種良好的管理實務，也是作為一個善良人類應有的行為。

　　以這種態度和方式賦予團隊信心，這是在公司建立一座創造力發電廠的一個重要部分。**若你的聲音不論多躊躇或緊張不安，都被傾聽且考慮，你會覺得自己受到重視，覺得你可以做更多。**當然，不會一切都總是很理想，但是在構思及研議點子的過程中，他們能有所改變，也許能調適於手邊問題之外的其他領域，使你們同時解決兩個問題。

採取行動

若你聚焦於激勵員工和同事，對他們賦能，你將賦予他們信心，努力嘗試達成不易做到的事。務必使他們感覺他們的意見受到重視，他們的點子和想法被傾聽與考慮。若他們想為你們組織做更多，這將會反應出來。

計畫在六週內啟動及運行

我們遇到的問題狀況之一是當團隊認知到他們被要求解決的問題／機會有多大時。「讓我們改變我們做『一切事情』的方式⋯⋯沒有界限，探討每一個角度，沒有什麼是不被允許的。」當你們的 15 人團隊被交付的任務是重新思考整個公司的運營時，這是一項巨大、可能難以攻克的任務。我們天性渴望把事情做好，確保萬無一失，這當然意味著你想要檢視所有東西，這需要時間和考慮。一不留意，已經過去六個月了，而你們唯一達成一致意見的事情是，在員工餐廳供應一個鬆餅日是不可行的，因為需求太高，餐廳團隊討厭這為他們帶來的壓力，因為他們注定會令人們失望。這絕對不是可以使你們把公司推升至較高效率和切要性的市場導向思維。

何不要求一點紀律，讓行動聚焦？這有兩個效用：其一，給予創新團隊一段明確的期間，使他們不必擔心這項專案將會佔用他們不明確的期間，可能影響到他們的正常職務。其二，讓這六週的期間聚焦於結果，而非周邊因素。

為此，你將必須堅定於你們的工作範圍。確切而言，你們必須達成的是什麼？流程的三項改善？更佳的終端使用者體驗？這一步將定義誰將參與你的這項專案，也讓他們有非常明確的角色。經驗告訴我們，對於新款托特包該不該是特定色度的藍色，或者我們是否應該對夏天穿著短褲有看法，幾乎人人都有意見，但是對於烘手

機以及它們在新辦公室的裝設，人們鮮少感到這麼雀躍。事實是，有時候，因為我們探討的問題規模太大而令人招架不住，因此獲得解決與處理的是簡單容易的問題。

接下來，有哪些必要的後續步驟？順序安排很重要，沒必要趕著全部一起做，卻發現你們遺漏了一個小的、但是很重要的步驟。你的目的是建立一個穩定且可行可續的成果，不是一座紙牌屋。

要素之一是定義誰負責每一個步驟——這裡的重點是「負責」及「當責」，你的同仁必須承擔、致力於他們負責的部分。切記留意在步調快且動態多變的境況下，心理及團隊互動的影響性。若你容許團隊中的某些同仁遲遲未做他們早該做的事，整個團隊將難以運作。你必須建立大家隸屬於一支精英能幹團隊的感覺——我們是解決問題的特種空勤團或海豹部隊，共榮共枯。若有人跟不上步調，需要盡快換掉他們。

在展開六週的衝刺前，務必先釐清投入要素和資源。這聽起來是很顯然的道理，但往往因為顯然而被忽略。記得預定你們要使用的會議室，備妥足夠的筆記型電腦和其他器材，也要考慮是否成立一支隨時可來造訪的專家團隊。這些專家可以扮演兩個重要角色：他們為工作的特定部分帶來一定水準的知識；他們也可以換新你的團隊卡司。若你們工作得很辛苦、感受到不小壓力，有一位同事現身，對你們已經達成的東西表達興奮與欣喜，那真的非常具有提振作用。當然，這需要精心挑選那些專家，因為沒有人想聽到悲觀者說他們正在做的東

西在真實生活中永遠不可能發生。

> **採取行動**
>
> 對行動加上一個嚴格的時間限制。用回溯法：若要在六週內完成，我們必須在頭三天做什麼？在頭一週做什麼？設定合理的標竿，把事情拆解，快速做特定部分，用完成的部分帶給自己驚奇。

花一百萬

對你們的解決方案投入一百萬。這是筆巨大金額嗎？視境況而定。

2023年時，購買美式足球超級盃（US Super Bowl）轉播節目的30秒廣告區段得花700萬美元。英國政府在2020年花的廣告費用超過1.6億英鎊，主要是花在新冠肺炎疫情的安全性措施宣導上。

相較於這些，一百萬無法讓你有很多搞頭。但是另一方面，你也可以在TikTok上花500美元推出一個廣告活動，一百萬是一筆巨大經費了。所以，視境況而定。

探討一百萬能讓你做多少事，這是生成大量不同類型點子的一條途徑。 這一百萬未必得是美元或英鎊，一百萬的摩洛哥迪拉姆（diraham）約為8萬英鎊或9.8萬美元，或許這更接近你的專案預算範圍。

或者，用時間來思考，你能投入100萬秒（11.5天）

於你的專案團隊嗎？你能花 100 萬分鐘（694 天，或者，在每週工作五天之下，相當於超過 2.5 年的工作天）？若能的話，你會做什麼？這將有何不同？若你能募集到 100 萬英鎊，你會怎麼做？這將帶來什麼不同？

好萊塢明星萊恩・雷諾斯（Ryan Reynolds）和羅布・麥克亨尼（Rob McElhenney）在 2021 年 2 月共同收購位於北威爾斯的雷克瑟姆足球俱樂部（Wrexham Football Club），接下來兩年間，這支球隊的表現如同雲霄飛車般上衝，FX 電視頻道的紀錄片系列《小球會大明星》（*Welcome to Wrexham*）記錄其歷程。2023 年足球季結束時，雷克瑟姆足球隊已晉升至英格蘭足球聯賽（EFL）乙級，這是自 2008 年以來，該隊首度晉升至這地位。

這樁收購案是一個出色的故事，目前來看，兩位新業主的誠意毫無疑問，他們第一季花在轉會、買進新球員的錢為 100 萬英鎊出頭。對雷克瑟姆俱樂部而言，現金造就一切不同，100 萬英鎊的注資，以及新業主創造的知名度，改變了這個俱樂部和這個城鎮的命運。

若在境況中，一百萬是相當小的數額，那就再試著思考一個「最簡可行產品」（minimum viable product, MVP）。 這是軟體開發工程師創造出來的方法，為大型專案減少花費。最簡可行產品指的是僅有足夠性能能引起使用者興趣的產品，提供早期銷售，獲得反饋，以供進一步的產品發展。其用意是快速建造新產品，取得反饋後，再發行新版本。舉世最成功的創業家之一貝佐斯，就是用最簡可行產品啟動線上購物革命。他首先在線上

賣書，起初當顧客訂購書籍時，他從店鋪購買後出貨給他們。從這個最簡可行產品出發，他最終建造出今天的亞馬遜王國。

不論是財務上或時間上，若一百萬於你的境況而言，似乎是一筆相當大的預算資源（在很多境況中確實如此），那麼「花一百萬」可以激發你思考多少時間和金錢是值得的，把它想成一筆重大投資的簡略表達方式。

若你把你的所有資源投入於這個專案，你能夠創造什麼？你能投資什麼，以在長期取得收穫？此外，若不用任何預算來購買商譽，什麼將會帶來最佳投資報酬？若投資 100 萬英鎊意味的是長期可賺得 1,000 萬英鎊，那麼境況又改變了。

澳洲肯德基（KFC Australia）在 2019 年投資了 100 萬美元於「不可能的米其林」（Michelin Impossible）行銷活動，為澳洲內陸一家肯德基分店申請「米其林一星」，結果創造了 9,100 萬美元的投資報酬。這間肯德基分店位於澳洲中部愛麗斯泉鎮（Alice Springs），店長是山姆・艾德爾曼（Sam Edelman），他們試圖取得世上最尊榮的美食評鑑肯定。這項帶著躁動與挑戰精神的行銷活動在澳洲引起很大的迴響，產生巨大的知名度，當然也提醒喜愛肯德基的人去光顧。當然啦，這家肯德基分店最終並未獲得米其林一星，但是這項行銷活動在全澳洲和國際間獲得報導，改變人們對於連鎖餐廳的看法，也讓大家笑開懷，肯德基也賣出了很多炸雞。

> **採取行動**
>
> 花一百萬對你來說意味什麼？在你的境況中，這一百萬是奢侈，還是寒酸？若沒有這麼大的資金預算，你能對相關課題投入可觀的時間嗎？若你能投資一百萬，你的投資報酬將是多少？

奢侈

這是冬季，就算不是季節上的冬季，也是情緒上的冬季，大家感到寒冷刺骨，該是奢侈一下的時候了。

想想小孩的派對，讓每一個參加者帶一袋禮品回家。想想若旅館房間提供拖鞋，這有多奢侈。**奢侈未必得花大錢，但產生的聲譽或迴響，將帶來巨大的投資報酬。看似奢侈的點子，有可能是創造大不同的功臣。**

奢侈超越常規與合理期待，大多數的人可能會選擇不那麼做，但有時也會被仿效。我們喜歡想到電影《比佛利山超級警探2：轟天雷》（*Beverly Hills Cop II*）中的一個場景：主角警探艾索·福里（Axel Foley）來到劇中財務經理席尼·伯恩斯坦（Sidney Bernstein）的辦公室，想騙伯恩斯坦離開辦公室，以便能在他的電腦上查辦案所需的資料。福里製作了25張未繳的違規停車罰單，來到伯恩斯坦的辦公室，威脅要逮捕他。伯恩斯坦想要賄賂福里，所以問：「有沒有什麼辦法，可以讓你忘掉

那些罰單？……比方說，你的這隻手拿了東西，你專注在這隻手上，忘了另一隻手〔拿著罰單的手〕。然後，你說：『剛剛這隻手上拿了什麼，我不記得了！』」

你想從別人那裡獲得什麼，你能作出什麼奢侈表現，使他們忘掉任何障礙，給出你想獲得的？你能夠把什麼放到他們的手上？

這也許是指對你管理或接待的人給予協助。舉例來說，「僕人式領導」（servant leadership）或許代表你總是確保團隊成員準時、甚至提早下班，在工作時間能夠經常暫停休息一下，非工作日能夠真正放下工作，好好休息。太多團隊領導人盡所能榨乾團隊，自栩為頂頭上司，不是使團隊無壓力快樂運作的僕人。對於喜歡層級制的人、尋求自己往上爬的人，可能很難領會與接受僕人式領導的概念。當你本身必須忙於應付不同的上司時，需要卓越的靈魂才能轉過身來，以極大的寬宏慷慨來運作你的團隊，像僕人般服務他們，但是他們將回報你忠誠度和努力貢獻。

若你們銷售產品，思考可以如何比競爭者慷慨。舉例來說，當聯合利華（Unilever）在英國市場推出寶瀅（Persil）洗碗精時，寶僑公司（Procter & Gamble）在超市推出買一送二促銷仙女（Fairy）洗碗精。如此的慷慨奢侈，不僅確保購物者不會背棄市場領先者，改用挑戰者品牌，也讓購物者持續多月不再購買洗碗精，因為三瓶可以用很久。

一家大型企業的常務董事在 2008 年經濟衰退時期，

停止在公司茶點供應區免費供應餅乾，這是為了在大家都撙節度日的時期，盡力照顧公司預算。但此舉明顯打擊士氣，這項原本想要減輕焦慮的措施，反而導致人們擔心組織的安穩性。另一位董事會成員自作主張，反轉這項規定，不僅恢復免費供應餅乾，還對全體員工進行問卷調查，查明他們特別喜愛的餅乾。結果，原本乏味的餅乾被調查中的前三名取代，包括非常濃郁的橙味巧克力餅乾。

說到巧克力，力士架（Snickers）2017 年在澳洲推出的廣告活動，使用一種奢侈表現來推銷品牌。力士架長期以來使用的廣告語是：「飢餓時，你就會變樣」（You are not you when you're hungry），利用「又餓又怒」的概念──人們確實經常在飢餓時容易暴躁，來進行廣告行銷。那年，力士架的行銷活動團隊創造了「飢餓演算法」（Hungerithm），監看社交媒體上的貼文，當發現網際網路上的氛圍變得較憤怒時，便在 7-Eleven 便利商店調降力士架的價格。當社交媒體上的貼文變得更憤怒（更飢餓）時，力士架的價格最多比平常價格大舉降低了 82％，銷量當然也大幅成長。

採取行動

目前你能做的最奢侈表現是什麼？別只是慷慨，追求做到極致，這可能是極為仁慈，或極大折扣。加倍下注，推出尋常版本的超離譜奢侈版本。

簡約──回歸重要本質、簡單化

　　理克‧魯賓（Rick Rubin）是美國的傳奇音樂製作人，和羅素‧西蒙斯（Russell Simmons）共同創立 Def Jam 唱片公司，旗下藝人包括野獸男孩（Beastie Boys）、LL Cool J、全民公敵組合（Public Enemy）、Run-DMC 等等。MTV 頻道在 2007 年時指出，理克‧魯賓是過去二十年間最重要的音樂製作人。他也和嗆辣紅椒樂團（Red Hot Chili Peppers）合作，製作他們的突破性唱片；他為強尼‧凱許（Johnny Cash）製作的音樂幫助這位歌手開關新的聽眾群；饒舌歌手傑斯（Jay-Z）的歌曲〈99 Problems〉也是魯賓製作的。

　　電台主持人蘿倫‧拉維恩（Lauren Laverne）訪談魯賓時注意到，他的工作照片大多不是顯示他在混音控制台邊，而是脫掉鞋子，躺在沙發上，或是在打坐冥想。

　　當拉維恩提出這個疑問時，魯賓解釋，他根本就沒有技術性技巧。他製作音樂的方法就是傾聽，了解他在傾聽時的身體感受，主動尋找他感覺到什麼東西的時刻：笑聲、喜悅、向前靠的本能等等，然後他把音樂表現簡約化，以展現更多的那些層面。

　　因此，魯賓的第一個音樂榮譽不是製作人，而是簡約者──為 LL Cool J 的首張唱片作出的貢獻。他不遵循錄音方法的規則，而是尋求本質、真理、原始情感，並且消除阻礙光輝呈現的雜質。

　　大多數人都不覺得傾聽與感覺是真正的、正統的工

作。重金屬樂隊滑結樂團（Slipknot）的主唱科里・泰勒（Corey Taylor）在一次訪談中，如此解釋他這樣看待魯賓的方法：

> 我來告訴你真相。理克・魯賓一週出現 45 分鐘，在那 45 分鐘裡，他會躺在沙發上，有隻麥克風放在他的臉旁邊，這樣他就不需要移動了。我對天發誓，我說的是真的。然後，他會說：「為我演奏」，工程師就會開始。整個過程中，他都遮蔽自己，儘管根本就沒有陽光照進房間，全都是陰暗的。那一刻，你看起來就像個混蛋。他只是不停地抒著他那巨大的落腮鬍，嘗試得出一些東西。他會說：「再放一次」，然後他會突然說：「停！重來一次。」

這是從優秀提升到卓越的創作方法。當我們提出論點，想說服和推銷我們的作品時，我們往往高度仰賴證據和邏輯，我們經常遵循所屬類別裡的規則，因為這麼做使我們具有可信度。

清楚規則、是所屬領域的專家，卻走一條完全不同的路，這需要很大的勇氣。把東西簡約回本質，這也需要勇氣。在簡報說明和推銷作品時，人們經常增加論點和證點來給自己信心。增加邏輯推理，增加元素，對證據清單有信心，這些都能夠帶來自在。

認真傾聽，用心感受，少做一點，把東西簡約回本質，這能帶給你卓越。

> **採取行動**
>
> 少做一些事：檢視工作清單，把它簡約。別再對行動方案增加項目上去，相反地，縮減一些不必要的項目。不要尋找證據，傾聽你的感覺。

快速勝利

若你在一個要求展現創造力的團隊裡，你們的目的可能是要引起（或產生）重要變革。這是一支多專業、多層級的團隊，你們的任務很清楚，若不清楚的話，必須趕快釐清，否則不論給你們多長的時間去達成目標，你們都不會有所建樹。

信心具有感染力，動能也是一樣。太常見的情形是，你起步時有清楚的目的，有一群幫助達成此目的的同仁，但是沒有進展，花了長時間，一事無成。你們失去興趣，團隊失去動能及活力。最終，過了 18 個月，你們仍然必須召開那場詭異的會議，但是沒有東西可以在會議上展示——沒有試驗的時間軸，沒有顧客反饋，沒有同仁反饋……一片空白。會議出席者零零碎碎，你們發現自己只是在漫無目的地東扯西談。這聽起來熟悉嗎？

因此，需要一個取得快速勝利的計畫。「快速」的定義，取決於專案的廣度，但你可以裁決就你們的專案而言，「快」是多快。若你們的專案是要建立一種處理

費用的新方式，可以成立一個先導試驗群，進行三或六個月的試驗，展示進展，作出宣傳，你們就能繼續向前推進。顯然，你們需要對任務的複雜程度及範圍有一個宏觀理解，但若你們同意幾週或幾個月內將會有進展或甚至只是有路標顯示你們在進展中，你們就能建立期望——工作團隊的內部期望，或是其他利害關係人的期望。

這類快速勝利的重要原則是，不應涉及任何重大的資本支出。在組織中工作過的人都知道，突然要求不在預算內的現金會導致頭痛，你必須撰寫這筆花費的理由，而且要歷經相關流程⋯⋯，這通常很痛苦。你還必須決定、並且盡快展開追求你的快速勝利。這聽起來是很顯然的道理，但是等待所有要素到位有可能阻礙行動。你必須和團隊快速決定你們要追求哪些快速勝利，並且知道時間框架，圍繞著這個目標動員起來。有必要的話，可以成立一個專門負責的小組。成立這個小組時必須嚴格，尤其是在這個小組應具備的技能和態度方面，成員必須混合策略家和執行者。（我們並不是說策略家不善於執行，這主要是為了更均勻地分攤工作，而且一些策略家太喜愛策略了，當現實的打擊出現時，他們無法適切應付。）

每當組織談論變革時，人員總是想著變革將如何影響他們，這是完全可以理解的，是很人性的反應。當你的團隊成功實現了一個快速勝利，將有助於回應這類擔心以及「這很難」或「這將對團隊成員造成不利影響」

之類的論點。若你們的專案是要建立一種處理費用的新方式，新的費用處理制度可以讓我不再需要隨身攜帶或儲存費用數據三個月，還得填寫上頭有各種費用應該分別歸屬的 45 個成本中心的 Excel 表格，那我一定支持！喔，當你說不要每季處理費用申報、應該每月申報時，抱歉，我真的受不了每隔四週就得被 45 個成本中心搞得頭昏腦脹。若你把事情搞得太難、太複雜，人們可能不會給予充分關注：這意味的是，新制度行不通，財務部的人必須一再解釋流程。

　　快速勝利的運作原理，也是基於相同的道理——把一個可能令人覺得陌生或擔心的概念，拆解成更平易近人、更能理解的流程。太多時候，我們置身在組織裡，作出自己覺得清楚且具包容性的聲明，然後展現意圖，但問題是，那是因為我們太靠近這些東西了，所以這麼覺得。然而，對於那些新接觸到的人來說，他們並不這麼覺得。**你的快速勝利並非只是一個勝利，也是一種激勵、一種安心保證，以及你們邁向成功的第一步。**

採取行動

用一支小團隊，研議你們能追求的最快速勝利是什麼。有時候，最能達成重大變革的途徑是先取得很小的勝利，然後再把小勝利加以擴大。首先，取得快速勝利，然後瘋狂宣傳、向前推進。很快地，人人都想加入追求成功的行列，因為人人都喜歡贏。

持續推進點子,直到令你驚豔

我的創意夥伴和我一起任職於一家廣告公司時,我們合作了九年,他們形容我們為「蟑螂」。這是因為有五支團隊做同一件案子,但是客戶完全否決了我們提的所有點子。客戶經理要求我們提出下一回合的點子,然後客戶又否決了全部的點子,接下來再來一回合。

後來,所有團隊開始打退堂鼓,但是我的夥伴和我堅持下去。

你知道嗎?很多時候,我們心想:「謝天謝地,感謝客戶逼我們,我們最終想出了一個獲獎的點子。」反觀多數人則是這麼想:「這實在是太痛苦了,我受夠了!就這樣吧,我們改做別的案子吧。」

那感覺就像一堵牆,你以為你已經到盡頭了,其實那不是盡頭。你必須了解,那不是盡頭。

上述這段話是班傑明・范卓明(Benjamin Vendramin)對廣告活動創意的經驗心得,他是紐約競立媒體公司的創意與內容長,多次贏得廣告創意界最崇高的坎城創意獅子獎。范卓明相信,傑出的創意十分稀有,但是想出來的過程是最痛苦的。他說:「突破到令你吃驚的創意非常少,多數創意很平庸(vanilla)。世上最受偏好的冰淇淋是香草(vanilla)口味的,這不是沒有道理的,大家應該都同意。然而,沒有人聽過的創意,才是嚇到你的創意。若一個創意不會令我有點緊張、

有點吃驚,我不認為它是個傑出的創意。」

范卓明為美高梅國際酒店(MGM Resorts)設計的一個創意,在 2018 年的坎城創意節上贏得了五座獅子獎,這是近乎不可能的成就。美國在 2015 年通過立法使同性婚姻合法化後不久,范卓明的團隊發現,同性戀愛歌曲並不多。他們說服了六位知名藝人改造戀愛歌曲,寫適合同性婚禮的新歌詞,並且發行《愛無分別》(*Universal Love*)專輯,收錄包括下列藝人的歌曲:巴布‧狄倫(Bob Dylan,他重錄經典歌曲〈She's Funny That Way〉,並改名為〈He's Funny That Way〉)、凱莎、聖玟森(St. Vincent)、俏妞的死亡計程車樂團(Death Cab for Cutie)主唱班傑明‧吉巴德(Ben Gibbard)、街趴樂團(Bloc Party)主唱凱萊‧歐克瑞克(Kele Okereke)、薇勒莉‧茱恩(Valerie June)。獨立雙人組她與他(She & Him)為該專輯發行五年後發佈首支原創歌曲,同首歌有兩個版本:〈She Gives Her Love to Me〉和〈He Gives His Love to Me〉,讓人們可以選擇適合他們角度的版本。

范卓明說,這些點子花了好些時間才實現,找到合適的夥伴是關鍵。他的團隊花時間尋找對的創意,站在爭議性的正確一邊,很重要的是,要勇於拒絕任何你覺得太安全的東西。要把創意成功執行出來需要更多的韌性,范卓明說,若非整個團隊有無比的熱情、擁有信念,根本不可能實現。

若你找到一個解答,試著推進看看。檢視你的點子,

用 1 到 10 分對它作出勇敢度的評分,並且設法把它推進至 11 分,或 15 分。

為了增進人員的勇氣,必須提高他們的心理安全感。若人員害怕而無法作出貢獻,你們就無法突破,進而得出超水準的點子。**你必須打造一個讓創造力確實不受束縛地發揮的環境。確保整個團隊有歸屬感,被傾聽、感覺受到重視。**在工作場所,擁有共識固然是好事,但是太快達成共識或是不容忍有益的異見與質疑,將無法使你們擁有真正卓越的創意展現與競爭優勢。

> **採取行動**
>
> 別接受第一組、第二組或第三組的點子,持續推進,直到得出一個令你吃驚的點子。確保團隊有歸屬感,認同自己屬於把點子推到極致的團隊一員。

給過往一票(但不是反對票)

世界已經劇烈改變,然而我們在許多領域的運作方式改變並不足夠。在許多產業和部門都是如此,改變並不足夠。

這是邁向包容、平等及歸屬感的障礙之一。證據顯示,較新的技術帶有以往的成見,演算法為舊偏見背書。因此,當演算法無形地滲透我們的世界時,我們必須時時保持警覺。我們的孩子也需要學習覺察到這一點,因

為他們成長於一個他們的喜好總是被強化，而且可能遭到刻意操縱的世界；我們必須在這方面好好教導我們的孩子。

改變並不足夠。有一個類似「第22條軍規」（Catch-22）的矛盾，許多人可能熟悉：要求創新，但又要求必須根據以往經驗，證明這個創新有用。這是一道不可能解決的難題。

世界的改變已經無法逆轉，但我們可能繼續遵循以往的經驗法則或捷思法。在一個又一個產業中，企業循著舊路。廣告業傳奇人物史特夫‧卡爾克拉夫特（Stef Calcraft）預告創意的新紀元：「世界已經改變，我們必須連結與打動的人們也已經改變。我們的工作是了解什麼對他們而言最重要、了解他們真正關心的是什麼，然後為他們提供更多他們想要的和他們需要的。能夠確實做到這一點，我們將比以往更成功。」然而，太多思維卡在舊範式裡，網際網路問世前的思維。我們必須改革工作方式和創作方式，建立在現今已經改變的世界中真正能夠創造不同的平台和點子。卡爾克拉夫特說：「我們已經進入新的創意紀元，產生的創意可以比以往更有目的、更強而有力，而且本質上更活潑。我們全都有幸擁有這樣的機會。」

這不是指回到像《廣告狂人》時代的那種工作方式，而是要創造一種利用品牌真理、消費者現實與文化關聯性的新工作方式。改變並不容易，丟掉以往的束縛並不容易，但這是我們現在必須做的事。

尋找新方法組織你的團隊，致力於激發創造力。你可以試試看舉行 48 小時的研習營，組成跨專業團隊，納入客戶、顧客及外面的代理人，讓混合團隊進行創意競賽，這些都可以幫助加速變革、促進持久的關係。你可以試試看讓研習營改變簡報方式，看看能夠促進什麼。若你們通常聚焦於成長，可以試試看若將簡報改為聚焦於使社會變得更好，會發生什麼。若你們通常聚焦於效率，試試看建立一個聚焦於追求成長的挑戰。你或許會覺得這好像會犧牲你們目前擁有的知識與經驗，然而**只有斬除舊的方式，才能讓新方式成長茁壯。**

莫迪凱‧卡普蘭（Mordecai Kaplan）是傑出的猶太教思想家，在為現代而調適宗教實務方面扮演很重要的角色。他說：「過往有一票，但不是反對票。」**我們必須向過往致敬，但是別讓過往限制了我們現在的工作方式。**

對以往的成功有看法，這很好，而且納入經驗教訓與啟示總是很重要。但是，更重要的是，在現在這個日益複雜、加速變化的世界，張臂擁抱新的工作方式以驅動成功更是關鍵。請你想成現在是創造力的黃金時代。

採取行動

想要改變產出，你必須改變工作方式。想要變得更有創造力，你可以改造工作方式。組成一支具有明確目標、了解時間限制、擁有共同誘因達成目標的協作及跨專業團隊，

> 將使你們得出不同的、更有創意的產出。肌肉記憶很持久，可能延緩變革。一些利害關係人可能執著於向來的做事方式，若你面臨這種情形，請發揮耐心傾聽他們，但是別把他們的觀點視為無可爭論。構成威脅的不是改變，而是不改變。

冬眠

　　「前進！」是很有力的吶喊，現在似乎很流行，令人聯想到電影《華爾街之狼》（*The Wolf of Wall Street*）那些精力旺盛的場景——只要你正在贏，就全力往目標衝，你是宇宙之主！縱使你其實不知道你們朝向何處，光是「催足油門向前衝」的想法就夠了。難怪很多人覺得這種方法非常累人，他們受不了，決定不想成為其中的一分子。這削弱了整個體系的平衡，很多人贊同那些從來都不聽人說話的人——他們不需要聽別人的，他們是宇宙之主。

　　相反於這種情形的是，論點指出，那些高情商、對他們的團隊有同理心的領導人，遠遠更適合現今的工作實務。這類領導人大概贊同「冬眠」的概念。當然啦，我們並不是主張你從十月末一直睡到春天讓春暖花開來喚醒你，雖然那些跟我們一樣覺得年底派對季節是一種考驗的人可能會喜歡這種主張。我們的意思是，停下腳步——哪怕只是暫停一段短時間，可能是個不錯的點子。

在現今的職場上，精疲力竭是個嚴重問題。科技使我們很容易從起床那一刻起，一直到上床睡覺，都可以被工作召喚。很多人在晚上睡覺前，最後一個動作是查看手機，看看是否有新進來的電子郵件。沒什麼節目好看的，所以你打開電腦處理你的收件匣，認為這可能是個好點子，不是嗎？我們聽說有人一邊聽正念 app，一般查看電子郵件，認為這樣可以同時處理待辦清單上的兩件事。但是，在我們看來，這其實會讓正念練習無效。然而，「你應該隨時待命」的觀念太普遍了，很難避開。所以，團隊總是忙個不停，因為他們覺得必須如此，但實際上可能是報酬遞減。我們知道，在週末發送一封電子郵件，待辦清單上就少了這件事，這實在有點誘人。然而，延後到週一早上八點才發送這封電子郵件，也會使你覺得你尊重他人的生活與工作分界。如果你是部門經理，你在週末時發送多個訊息，使你的團隊在週一早上八點體驗到數位訊息浪潮，你這種追求效率的欲望有可能打擊團隊士氣，也反而缺乏效率。

　　冬眠是對這種情況的一個良好反應。若你知道有一個明確的截止日期，有目的、有意圖地瞄準這個截止日期，可以作為形塑你們團隊如何工作的一個架構。然後，**你們進行冬眠，省思你們已經做了什麼，這也創造一個思考的空間。切記，幹勁也像信心一樣，具有感染力。**若你是團隊一員，知道團隊的行事架構——你們會有一些空間，這是很好的激勵因子。這麼一來，你們全都朝著相同方向前進，必要時可以互相加油打氣。

冬眠可以結合反省與分析，這是對「催足油門向前衝」的方法的互補，因為「催足油門向前衝」總是向前看，從來不回顧，因此可能未能從一路發生的錯誤或教訓中學習。不過，請你也必須留意，冬眠不是翻白眼或咎責的時候，例如順便指出某個同事未能在截止日期交付應完成的工作，導致你們的進度落後。**冬眠時，你們應該冷靜且寬容地回顧你們已經做的事、進度如何，以及接下來的最佳步驟是什麼。徵求每一個參與者的意見，以獲得更全盤的了解，這也很重要。**別只聽最大的聲音，傾聽所有你能夠獲得的意見。運動界最成功的團隊革新之一，是大衛‧布雷斯福特爵士執掌下的英國自行車隊，他率領英國自行車隊從平庸蛻變成多次奪得世界級獎牌。他尋求團隊每一個參與者的意見——自行車技師、訓練師、營養師、後勤人員、運動員等等，把每一個領域的小增益結合起來，創造出更大的動能。他們花時間冬眠，為何我們不也這麼做呢？

採取行動

把速度放慢下來，冷靜且寬容地進行省思與檢討。若你不花時間停下腳步，適時休息與復元以待來春，你可能無法獲得新生。暫停一下，把你自己和團隊成員的身心健康擺在優先。一旦你們全都恢復對變革與創造力的積極活力，這將是一道再次出發與行動的有力跳板。

連根拔起與摧毀

不留回頭路

走到外面

實現長期成功

如何使人員想要做更多？

計畫在六週內啟動及運行

花一百萬

奢侈

簡約——回歸重要本質、簡單化

快速勝利

持續推進點子，直到令你驚豔

給過往一票（但不是反對票）

冬眠

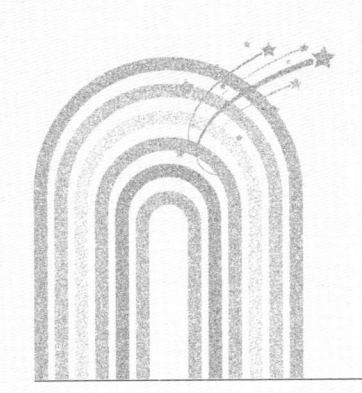

四季指南

這裡列出一些常見的工作和事業挑戰,可以幫助你應用本書分享的創造力技巧,因為日曆上的春季可能是你的事業的冬季,反之亦然。

- 我擔心我們正落後於競爭者。
- 顧客的反饋意見很普通。
- 我沒辦法讓變革生根。

尋找春季的創造力技巧

- 團隊再也不對我們做的事引以為傲,只是交差了事。
- 我們的事業有很長的成長期,我該如何確保它繼續成長?
- 我們團隊已經一起工作很長一段時間了,我們要如何繼續保持活力充沛?

尋找冬季的創造力技巧

- 我們歷經了很多變化,該如何找回節奏?
- 我擔心會精疲力盡。
- 我感到乏味,我想要點新的東西。

尋找夏季的創造力技巧

- 我該如何順利安度精實時期?
- 我們剛失去最大顧客,我們能做什麼?
- 一家新創公司正在搶走我們的生意。

尋找秋季的創造力技巧

創意爆發的一年

A YEAR OF CREATIVITY

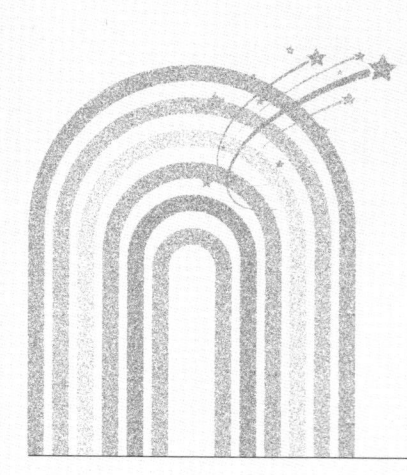

那感覺就像一堵牆,
你以為已經到盡頭了。
你必須了解,那不是盡頭。
穿過去。

後記與謝辭

創造力具有轉變與改造的作用,我們相信能為每個組織帶來成長與希望。

責任制和分析技巧是必要的,但它們只是必備條件。創造力能夠帶來躍進、驅動創新,也使得工作環境變得更有趣。

我們在此感謝與我們共事過、並且幫助鍛鍊我們的創造力的所有人,尤其是布萊恩・伊諾和彼得・施密特創造的「迂迴策略」(Oblique Strategies)創意卡片帶給我們的啟發,以及著名且卓越的「若⋯⋯,會怎樣?」方法。

大大感謝 Bloomsbury 出版公司裡的每一個人,跟他們共事既快樂、也很榮幸,尤其是 Ian Hallsworth、Lizzy Ewer、Allie Collins、Caroline Curtis、Erin Brown。當然,也要感謝我們非常優秀、令人驚奇的經紀人 Clare Grist-Taylor,她幫助我們做得更好。

一如我們的前著,本書也獻給我們的家人,沒有他們,我們無法做真正的自己。

創意爆發的一年
52種技巧提升你的工作效率和生活力

A Year of Creativity
52 Smart Ideas for Boosting Creativity, Innovation and Inspiration at Work

作者	凱瑟琳・雅各 & 蘇・余納曼 Kathryn Jacob & Sue Unerman
譯者	李芳齡
總編輯	邱慧菁
特約編輯	吳依亭
校對	李蓓蓓
封面設計	兒日設計
內頁排版	卷里工作室
出版	星出版／遠足文化事業股份有限公司
發行	遠足文化事業股份有限公司（讀書共和國出版集團） 231 新北市新店區民權路 108 之 4 號 8 樓 電話：886-2-2218-1417 傳真：886-2-8667-1065 email：service@bookrep.com.tw 郵撥帳號：19504465 遠足文化事業股份有限公司 客服專線 0800221029
法律顧問	華洋法律事務所 蘇文生律師
統包廠	東豪印刷事業有限公司
出版日期	2025 年 08 月 20 日第一版第一次印行
定價	新台幣 450 元
書號	2BBZ0032
ISBN	978-626-7732-07-6

著作權所有　侵害必究

星出版讀者服務信箱 —— starpublishing@bookrep.com.tw
讀書共和國網路書店 —— www.bookrep.com.tw
讀書共和國客服信箱 —— service@bookrep.com.tw
歡迎團體訂購，另有優惠，請洽業務部：886-2-22181417 ext. 1132 或 1520

本書如有缺頁、破損、裝訂錯誤，請寄回更換。
本書僅代表作者言論，不代表星出版／讀書共和國出版集團立場與意見，文責由作者自行承擔。

國家圖書館出版品預行編目（CIP）資料

創意爆發的一年：52 種技巧提升你的工作效率和生活力／凱瑟琳・雅各 & 蘇・余納曼（Kathryn Jacob & Sue Unerman）著；李芳齡 譯. -- 第一版. -- 新北市：星出版，遠足文化事業股份有限公司發行，2025.08；272 面；15x21 公分. --（財經商管；Biz 032）. 譯自：A Year of Creativity: 52 Smart Ideas for Boosting Creativity, Innovation and Inspiration at Work

ISBN 978-626-7732-07-6（平裝）

1.CST: 人際關係 2.CST: 成功法

494.35　　　　　　　　　　　　114009522

A Year of Creativity: 52 Smart Ideas for Boosting Creativity, Innovation and Inspiration at Work
by Kathryn Jacob & Sue Unerman
Copyright © Kathryn Jacob and Sue Unerman, 2024
Complex Chinese Translation Copyright © 2025 by Star Publishing, an imprint of Walkers Cultural Enterprise Ltd.
This translation of *A Year of Creativity: 52 Smart Ideas for Boosting Creativity, Innovation and Inspiration at Work, First Edition* is published by arrangement with Bloomsbury Publishing Plc
through Andrew Nurnberg Associates International Limited.
All Rights Reserved.

Star
星出版

Star
星出版